Manuela van Schewick

Kind trifft Hund

Mit Sicherheit ein gutes Team

Müller
Rüschlikon

Impressum

Einbandgestaltung: Kornelia Erlewein

Reihengestaltung: Petra Pawletko

Titelbild: Jana Weichelt

Bildnachweis: **Erika Althoff**: S. 33; **Michael Bell**: S. 35 unten; **Michael Fuhs**: S. 54; **Miguel Fußhöller**: S. 53; **Stefan Landmann**: S. 40 oben, 59, 64, 66, 73, 87; **Sabine Marquardt**: S. 6 rechts, 85, 88; **Doris Metz**: S. 69; **Griseldis Münch**: S. 13, 15, 35 oben, 37, 40 unten, 52; **Evelyn Nielsen**: S. 41; **Lilli Olek**: S. 36, 44; **Bea Preußner**: S. 79; **Marina Radomkski**: S. 34; **Maria van Schewick**: S. 1, 8, 42, 46 oben, 55, 56, 61, 72, 95 und Cover vorne innen; **Manuela van Schewick**: S. 7, 10, 11, 12, 18, 19, 20, 25, 29, 38, 39, 49, 50, 51, 60, 76, 77 rechts, 78, 79, 86, 90, 91; **Saskia Schreiber**: S. 5, 6 links, 25, 57, 84 oben; **Christine Schröder**: S. 45, 46, 68, 89; **Sophie Strodtbeck**: S. 9, 14, 16, 17, 24, 26, 27, 28, 30, 48, 62, 71, 75, 77 links, 80, 81, 82; **Oriane Wein-Mager**: S. 43, 84 unten; **Dr. Birgitta Wolf**: S. 58, 63, 67, 92.

Bilder im Kolumnentitel: Beate Schwarz, http://fotografie.com-werkstatt

ISBN 978-3-275-01979-3

Copyright © 2014 by Müller Rüschlikon Verlag

Postfach 103743, 70032 Stuttgart

Ein Unternehmen der Paul Pietsch Verlage GmbH & Co. KG

Lizenznehmer der Bucheli Verlags AG, Baarerstr. 43, CH-6304 Zug

1. Auflage 2014

Sie finden uns im Internet unter **www.mueller-rueschlikon-verlag.de**

Lektorat: Claudia König

Innengestaltung: Petra Pawletko

Druck und Bindung: Appel & Klinger, 96277 Schneckenlohe

Printed in Germany

Inhalt

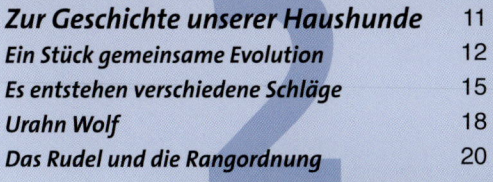

Kind und Hund – kein Problem?

Er ist da, wenn sonst niemand Zeit hat, er kommentiert weder das unaufgeräumte Zimmer, noch die Fünf in Mathe und er kommt ebenso schmutzig vom Spielen zurück, wie sein zweibeiniger Freund. Kinder und Hunde ziehen sich oft magisch an. Die Ebene, auf der ihre Beziehung stattfindet, ist uns Erwachsenen in unserer hoch technisierten und von Leistungsdruck bestimmten Welt zumindest zum Teil verloren gegangen. Gelegentlich erschrecken uns Meldungen in den Medien, die von spektakulären Unfällen mit Hunden und Kindern berichten. Birgt dieses Miteinander vielleicht doch zu viele Gefahren?

Traumteam oder Albtraum?

Das Leben in unserer Gesellschaft, auch das der Kinder, hat sich in den letzten Jahrzehnten drastisch verändert. Es ist schnelllebiger, durchsichtiger und zugleich anonymer geworden, von Stress und Leistungsdruck geprägt. Einsamkeit ist nicht nur ein Problem alter Menschen, sondern zunehmend auch eines von Kindern. Das soziale Gefüge der Großfamilie, in der die Kinder aufgefangen waren, existiert im Normalfall nicht mehr. Gemeinsame Stunden und Unternehmungen weichen zunehmend technischen Kommunikations- und Beschäftigungsformen. Die Zeit für die Kinder ist oft knapp.

Bei allen Diskussionen, die es in den letzten Jahren um die Haltung von Hunden und deren »Gefährlichkeit« gegeben hat, ist das, was der normale Hund in der normalen Familie Tag für Tag leistet, schlicht meist vergessen worden. Ein Hund vollbringt nicht nur eine besondere Leistung, wenn er den Blinden führt, epileptische Anfälle anzeigt oder Rauschgift aufspürt! Auch ohne Ausbildung zum Spezialisten gibt der vierbeinige Freund täglich Nähe und Zuwendung, muntert seine Menschen mit kleinen Gesten auf, zwingt sie vom PC weg ein wenig in die Natur. Er hört zu, wenn es sonst keiner tut, mahnt nicht, sich auf das Wesentliche zu beschränken. Man kann ihm seine Geheimnisse anvertrauen, denn er wird sie nicht verraten. Er schaut einfach nur mal nach, wenn das Kind nachts hustet und legt sich vielleicht vor sein Bett, wenn es nicht einschlafen kann. Mancher Weg fällt leichter, wenn nicht nur Mama, sondern auch der Hund das Kind begleitet, und manche Freundschaft bahnt sich genau seinetwegen an. Viele Kinder und Hunde sind mit Sicherheit gute Teams!

Wie viel Sicherheit kann es im Umgang mit Hunden geben? Lauert hier eine permanente, unkalkulierbare Gefahr für unsere Kinder?

Er ist einfach nur da, wenn sonst keiner Zeit hat.

Selbst das Lesenüben macht gleich mehr Spaß, wenn man dem vierbeinigen Freund vorlesen kann.

Gleiche Interessen verbinden. Manche Freundschaft entsteht über die Liebe zum Hund.

Unfälle mit Hunden geschehen täglich, und es sind im Normalfall nicht solche, bei denen von verantwortungslosen Hundebesitzern zu Kampfmaschinen umfunktionierte Tiere ausrasten und Unbeteiligte töten. Die alltäglichen Probleme mit dem Hund ergeben sich im eigenen Haushalt, mit wohl bekannten Hunden, und sie entstehen meist deshalb, weil dieses Tier Hund, dem wir so nahe zu sein glauben, uns in seiner Art und seinem Verhalten alles andere als bekannt ist. Wir leben eben meist nicht mehr so naturnah, dass das Wissen über die Tiere in unserer Umgebung selbstverständlich ist und von Generation zu Generation weitergegeben wird. Wir können unseren Kindern den Gebrauch eines Computers erklären, aber Freund Hund mutiert immer mehr zum Buch mit sieben Siegeln ...

Ziel dieses Buches ist es, Ihnen und Ihren Kindern den Hund in seinem Wesen und Verhalten ein wenig näher zu bringen. Hunde stellen eine unglaubliche Bereicherung für unser Leben dar, für das des Erwachsenen und noch mehr für das eines Kindes. Voraussetzung dafür ist, dass dieses Miteinander sich für alle Beteiligten wirklich positiv gestaltet, dass wir einander verstehen!

Der Traum vom eigenen Hund

»So einen Hund möchte ich auch haben!« Wer hat nicht schon diesen Satz gehört, wenn der Nachwuchs fasziniert vor dem Fernseher sitzt, versunken in das Geschehen um Boomer, Disney's süße Dalmatiner oder Polizeihund Rex. Und – Hand aufs Herz und Blick zurück: Kennen wir Erwachsenen nicht alle auch diesen innigen Wunsch? Auch wenn unsere vierbeinigen Stars anders hießen, Lassie oder Rin Tin Tin, die Faszination, die von ihnen ausging, war dieselbe. Zitterten wir nicht genauso mit den Hauptdarstellern, waren wir in unserer Fantasie nicht mitten im Geschehen, ganz nah bei dem so sehnlich gewünschten Hund?

Was aber ist es, das diese Faszination ausmacht? Warum fliegen Kinderherzen diesen vierbeinigen Helden zu? Verkörpern diese Hunde nicht genau das, was ein Kind sich wünscht: den verständnisvollen Begleiter, der immer Zeit hat, immer zum Spiel aufgelegt ist, den starken Partner, der jede Gefahr spürt und sein Leben riskiert, um seinen Menschen zu retten, den treuen Freund, der jede Stimmung teilt, der nicht kritisiert und immer zu einem hält?

Kinder leben in einer Welt voller Emotionen, Träume und Spontaneität. Die »ehrliche« und unreflektierte Reaktion auf das Gegenüber ist beiden, Kind und Hund, ebenso gemeinsam, wie die Fähigkeit, den Augenblick zu genießen und dabei die Zeit verstreichen zu lassen.

Warum brauchen Kinder Tiere? In den letzten Jahren haben sich Psychologen, Pädagogen und Mediziner in diversen Studien mit diesem Thema auseinandergesetzt. Die Forschungsergebnisse belegen, dass der Umgang mit Tieren, insbesondere mit Hunden, die Entwicklung von Kindern und Jugendlichen im emotionalen, sozialen und kognitiven Bereich äußerst positiv beeinflusst. Kinder mit Hunden sind nicht nur gesünder und emotional ausgeglichener, sie sind meist auch sozial kompetenter, da im Zusammenleben mit dem Tier z.B. Einfühlungsvermögen, Kommunikationsfähigkeit und selbstständiges, verantwortungsbewusstes Handeln trainiert werden. Kindern, die ohne sinnvolle Kontakte zu Tieren aufwachsen, fehlen elementare Erfahrungen! Voraussetzung für diesen positiven Einfluss ist natürlich immer eine Tierhaltung, die mit Bedacht geschieht und die Bedürfnisse aller berücksichtigt!

Kumpel und Vertrauter, Erzieher auf vier Pfoten – der Hund fördert die Entwicklung unserer Kinder auf vielfältige Weise!

Die harte Realität

Kind und Hund – in der Theorie also das ideale Team, und in der Wirklichkeit? Der Alltag ist leider oft weit entfernt von dem, was für beide ideal wäre. Nicht selten wird dann der Traum vom Hund zum Albtraum.

Da ist er nun endlich, der Schäferhund, der so sein sollte wie Rex, der Bernhardiner, der zwar »Beethoven« heißt, aber sich gar nicht so benehmen will, oder der Dalmatiner, der die Liebenswürdigkeit von Walt Disneys Trickfilmhelden vermissen lässt. Was hier passiert, erinnert an einen Film, in dem jemand das Geschehen ein und desselben Tages immer wieder erlebt: Verständnisvolle Eltern lassen sich überreden, den Traumhund endlich zu kaufen, schauen spontan in die Zeitung und greifen auch gleich zu, weil der Welpe, den man sich dann ansieht, ja so niedlich ist. Wichtige Informationen über die Rasse, insbesondere deren zu erwartendes Wesen und die Anforderungen an das Umfeld, über die Entwicklung von Welpen, die Bedeutung der ersten Lebenswochen, Grundlegendes über das Verhalten von Hunden und wie man mit ihnen umgeht, werden leider oft erst viel später eingeholt, manchmal erst, wenn ernste Probleme auftreten.

Nicht selten ist das Verhältnis Kind – Hund bis dahin so belastet, dass der Nachwuchs eigentlich lieber auf Meerschweinchen umsteigen würde. Nun über das unstete Kind oder den missratenen Hund zu schimpfen, wäre ungerecht, denn nur der Erwachsene kann wirklich die Belange beider im Auge behalten. Dies allerdings ist ihm nur möglich, wenn er sich selbst informiert hat, wenn er weiß, was für ein Tier er sich da ins Haus holt, welche Verhaltensweisen es zeigt, welchen biologischen Hintergrund dieses Verhalten hat und wie man ihm begegnet.

Kleiner Hund mit großem Dickkopf. Wer mit einem Dackel leben möchte, sollte sich vorher über seine Eigenständigkeit bewusst sein!

➜ Die Anschaffung eines Hundes verantwortungsbewusst zu planen bedeutet, sich darüber klar zu werden, wie der Alltag mit einem Hund konkret aussehen soll. Räumliche, zeitliche und finanzielle Überlegungen spielen hierbei ebenso eine Rolle, wie die Frage, was ich überhaupt mit einem Hund tun will. Was erwarte ich im Alltag von ihm? Welche Eigenschaften soll er haben? Können wir als Familie in unserer aktuellen Lebenssituation seinen Bedürfnissen gerecht werden?

Dass die Bedürfnisse von Kindern und Hunden nicht immer deckungsgleich sind, sollte auch nicht vergessen werden! Es gibt einige Unternehmungen, die im Allgemeinen nicht mit Hund möglich sind. Hierzu zählen beispielsweise Schwimmbad- oder Theaterbesuche, gegebenenfalls auch regelmäßige Besuche bei Verwandten oder Freunden, die vielleicht keine Hunde in ihrer Nähe haben können oder wollen. Hier darf die Rationalität des Erwachsenen sich ungehindert austoben und kritisch die geplante Anschaffung des Tieres hinterfragen!

Die Verantwortung für alles, was den Hund betrifft, liegt letztlich immer beim Erwachsenen! Mag Ihr Kind noch so vernünftig und zuverlässig sein – erwarten Sie, dass es einen Hund völlig selbstständig versorgt oder gar erzieht, überfordern sie es hoffnungslos! Diese Aufgabe ist zu komplex und erbarmungslos gegenwärtig! Kinder können je nach Alter bei der Betreuung des Vierbeiners Aufgaben übernehmen und in Teilbereichen Verantwortung übertragen bekommen. Die Anleitung und Hilfe durch den Erwachsenen ist jedoch entscheidend für das Gelingen der Kind-Hund-Beziehung. Da diese Hilfestellung nur geben kann, wer selbst das Verhalten des Tieres versteht, wird im Folgenden zunächst einmal auf das Wesen und Verhalten des Hundes eingegangen, bevor Rückschlüsse auf die Kommunikation mit dem Menschen, insbesondere mit dem Kind, gezogen werden.

Kleinkind und junger Hund möchten die Welt erkunden, jeder in seinem Tempo.

2 Zur Geschichte unserer Haushunde

Gehen wir nun ein wenig zurück, zu dem, was der Hund einmal war, um zu begreifen, was er heute ist. Die Wissenschaftler sind sich ziemlich einig: Ob Dackel oder Dogge, Chihuahua oder Neufundländer, alle unsere Haushunde haben den gleichen Urahn: den Wolf.

Ein Stück gemeinsame Evolution

Die gemeinsame Geschichte von Mensch und Hund beziehungsweise Wolf ist sehr alt! Es gibt Darstellungen von Menschen und Wölfen oder auch schon sehr unterschiedlich aussehenden Hunden, in Höhlen oder Pyramiden, die viele tausend Jahre alt sind. Archäologen stießen auf Gräber, in denen Menschen mit ihren vierbeinigen Begleitern beigesetzt wurden, was auf eine besondere Bedeutung dieser Tiere schließen lässt.

Wie mag es zu dieser Verbindung Mensch – Wolf gekommen sein? Müsste man nicht eigentlich annehmen, dass die Menschen damals Angst hatten vor Wölfen? Immerhin sind es Raubtiere, die bei gemeinschaftlicher Jagd durchaus Beute von der Größe eines Elches töten können! Schauen wir genauer hin, finden wir aber durchaus einige Punkte, die diese Annäherung möglich machten, und sogar Gemeinsamkeiten, die nicht nur damals von großer Bedeutung waren! Der wichtigste Punkt ist wohl die Tatsache, dass beide, Wölfe und Menschen, im Normalfall nicht als Einzelgänger, sondern in sozialen Gemeinschaften leben. Hier wird z. B. der Nachwuchs gemeinsam aufgezogen, Nahrung wird gemeinsam beschafft, das Territorium gemeinsam verteidigt. Es gibt differenzierte Formen der Kommunikation, die nötig sind, um das gemeinsame Leben zu regeln.

Wissenschaftler aus aller Welt gehen heute davon aus, dass die Wiege des modernen Menschen im Osten von Afrika zu finden ist. Vermutlich haben sich hier schon vor weit mehr als 100.000 Jahren die ersten Wölfe menschlichen Siedlungen angenähert. Viele Wissenschaftler haben sich mit diesem Thema beschäftigt. Einige, wie der Verhaltensforscher Dr. Erik Zimen (†), beobachteten beispielsweise sehr ursprünglich lebende Völker und ihre Hunde, um aus dem Verhältnis dieser Menschen und ihrer Hunde eventuelle Rückschlüsse ziehen zu können, wie denn der Mensch auf den Hund kam und wie das frühe Zusammenleben ausgesehen haben könnte.

Es könnte z. B. so gewesen sein, dass es für die Wölfe eine recht angenehme Art der Nahrungsbeschaffung war, wenn sie sich in der Nähe der Menschensiedlungen aufhielten und dort deren Abfälle verzehrten. Den Menschen wird dies auch nicht unangenehm gewesen sein, wurde auf diese Art doch stinkender Unrat beseitigt und das Lager sauber gehalten.

Wie Hund und Katze? Artübergreifendes Pflegeverhalten ist nichts Ungewöhnliches!

Bei manchem afrikanischen Volk beobachtete Dr. Erik Zimen (†) beispielsweise, dass die Hunde nicht nur Essensabfälle vertilgen, sondern auch das »große Geschäft« der Kleinkinder zuverlässig beseitigen und somit den engsten Heimbezirk sauber halten.

Ein weiterer Vorteil aus der Nähe der Wölfe, die der Mensch wohl bald zu schätzen lernte, war deren Funktion als hoch sensible Alarmanlage. Geschah etwas Ungewöhnliches in der Umgebung, reagierten die Wölfe mit Unruhe, und die Menschen hatten so die Möglichkeit, Gefahren durch große Raubtiere oder feindlich gesinnte Menschen wesentlich früher zu bemerken, als es ihnen allein möglich gewesen wäre.

Gelegentlich wird es vorgekommen sein, dass Menschen auf Wolfswelpen stießen. Vielleicht waren diese sogar verwaist, weil ihre Mutter getötet wurde. Nun hat die Natur ja so ihre Tricks. Sie lässt z. B. kleine Tiere und kleine Menschen so aussehen, dass sie sofort als jung und schutzwürdig identifiziert werden und damit häufig das Bedürfnis erwacht, sich um sie zu kümmern. Gehen wir also getrost davon aus, dass auf diese Weise der eine oder andere Wolfswelpe an vielen Orten dieser Erde mit in die menschlichen Siedlungen kam. Die Frauen werden sich sicher dieser Wolfsbabys angenommen, sie vielleicht sogar an ihrer Brust genährt haben. Die Kinder vergangener Epochen waren bestimmt ebenso begeistert von solchen Spielkameraden wie die des Computerzeitalters und es begann eine Geschichte, die noch lange nicht zu Ende ist.

Warum konnte sich aber dieser wilde und scheue Wolf den Menschen überhaupt anschließen? Hier kommt etwas zum Tragen,

was damals wie heute eine entscheidende Bedeutung hat, leider aber oft übersehen wird bei der Anschaffung eines Hundes: In der Entwicklung von Wölfen und Hunden haben die ersten 16 Lebenswochen für das soziale Lernen eine elementare Bedeutung, wobei den ersten sieben Wochen noch ein besonderes Gewicht zufällt. In dieser Zeit lernt ein kleiner Wolf oder Hund nämlich, welche Lebewesen zu seinem sozialen Umfeld gehören oder nicht. Hat er also in dieser Zeit viel Kontakt mit Menschen, so wird es ihm zukünftig möglich sein, in der Gemeinschaft mit Menschen zu leben. Taucht der Mensch aber gar nicht oder nur vereinzelt auf in dieser sensiblen Entwicklungsphase, ist er sozusagen nicht einprogrammiert als

Ein Hund, der in den sensiblen Entwicklungsphasen ausreichenden Kontakt mit Kindern hatte, kann durchaus auch dem Kind gegenüber Pflegeverhalten zeigen.

möglicher Sozialpartner. Ein vertrauensvolles Verhältnis zum Menschen wird später kaum möglich sein!

Viele kleine Wölfe werden diese wichtige Entwicklungsphase in der Obhut von Menschen verbracht haben. Ein Teil von ihnen hat sich irgendwann sicher wieder zu ihresgleichen zurückgezogen, andere aber schlossen sich den Menschen immer mehr an, wurden ganz langsam immer vertrauter. Diese zahmen Wölfe vermehrten sich in den Siedlungen der Menschen, veränderten sich langsam im Verhalten und im Aussehen und das Zusammenleben wurde immer selbstverständlicher. Der älteste Knochenfund eines frühen Hundes, ein Schädel, der in Südsibirien gefunden wurde, ist ca. 33.000 Jahre alt.

Es entstehen verschiedene Schläge

Der moderne Mensch eroberte langsam die ganze Erde, und lernte, in landschaftlich und klimatisch sehr unterschiedlichen Zonen zu leben. Der Kampf ums Überleben war in eher kalten Klimazonen ein anderer als in der Nähe des Äquators, und so musste jeder seiner Umwelt angepasste Überlebensstrategien entwickeln. Jagd, Viehzucht, Ackerbau, alles entwickelte sich langsam und in sehr unterschiedlicher Weise. Auch die frühen Hunde entwickelten sich genau in dieses Lebensumfeld hinein. Sie blieben als Beschützer und Spielgefährten bei den Frauen und Kindern, wenn die Männer auf Jagd oder Kriegszügen waren, der eine oder andere begleitete auch die Männer zur Jagd und andere gingen mit, um das Vieh zu hüten. Es gab keinen Plan, wie der vierbeinige Weggenosse sich entwickeln oder gar aussehen sollte. Der Mensch lernte aber, bestimmte Eigenschaften seiner vierbeinigen Zeitgenossen zu schätzen und zu nutzen. Jene Vertreter, die unbrauchbares oder gar gefährliches Verhalten zeigten, wurden verjagt oder getötet, man behielt gezielt diejenigen, die für den Alltag und die Gemeinschaft nützlich waren.

Darf ich mit rein? Herdenschutzhunde sind sehr ernst zu nehmende Beschützer! Informieren Sie sich gut und wählen Sie einen verantwortungsvollen Züchter, wenn eine solche Schönheit Ihr Familienleben bereichern soll!

Brauchte man den vierbeinigen Begleiter für unterschiedliche Aufgaben, so musste er natürlich auch unterschiedliche Fähigkeiten und Eigenschaften haben. Verschiedene Einsatz- und Lebensbereiche stellten auch an Körperbau und Leistungsfähigkeit besondere Ansprüche. Der Hund, der in der Viehherde liegen und sie bewachen sollte, brauchte ein anderes Temperament, andere Eigenschaften als der hochbeinige schnelle Gefährte des Jägers, der das Wild hetzen musste, oder der niedliche kleine Spielgefährte der Kinder, der zur Belustigung und zum Kuscheln da zu sein hatte.

Aus dem Raubtier Wolf entstanden immer mehr spezialisierte Helfer des Menschen. Der Mensch lernte, bewusst die Entwicklung dieser Helfer zu steuern, indem er bevorzugt jene

Tiere sich vermehren ließ, die besondere Fähigkeiten, besondere Wesensmerkmale oder auch ein ganz bestimmtes Aussehen hatten. Im Verhältnis zu der langen Geschichte zwischen Mensch und Hund, nimmt die Zucht von Rassehunden, wie wir sie heute kennen, nur einen ganz geringen Zeitraum ein. Der Mensch hat es geschafft, Hunde zu züchten, die in absoluter Perfektion Spezialaufgaben wahrnehmen, denken wir an die Spezialisten für manch jagdliche Aufgabe, an den Blindenführhund, an Hunde, die ihren Besitzer vor dem nahenden epileptischen Anfall warnen können, an Sprengstoff- oder Rauschgiftspürhunde. In einigen Fällen haben Menschen ihre Macht über das Tier aber auch übelst missbraucht, indem sie bewusst Hunde züchteten und züchten, die sich auf Grund körperlicher Mängel durchs Leben quälen, die so ängstlich sind, dass sie kaum Freude am Leben in unserer hektischen und lauten Umgebung haben können, oder solche, die durch sinnlos gesteigerte Aggressionsbereitschaft Menschen und andere Tiere gefährden. Wir sollten uns darüber bewusst sein, und das auch unseren Kindern vermitteln, dass auch hier die Nachfrage das Angebot bestimmt!

Die beiden spielenden Junghunde unterscheiden sich nicht nur in der Farbe! Ihr Wesen, ihre Arbeitsveranlagung und ihre Bedürfnisse sind grundverschieden!

Wichtig!

 Hund ist nicht gleich Hund! Es gibt verschiedene Schläge, sehr viele verschiedene Rassen und noch viel mehr Individuen! Sie unterscheiden sich nicht nur in Größe und Aussehen sonder elementar in ihren Wesenseigenschaften und Bedürfnissen!

Wer also sein Leben mit einem Vierbeiner teilen möchte, sollte sich im Vorfeld bereits sehr gut informieren und überlegen, welcher Hund denn für ihn und seine Kinder der geeignete sein könnte und welchem er, seinen Anlagen entsprechend, ein artgerechtes und schönes Hundeleben über viele Jahre bieten könnte. Wählen Sie die Rasse bewusst aus! Ein niedlicher Hund kleiner Rasse, deren Aufgabe zumindest Jahrhunderte lang, z.B. das Stellen und gegebenenfalls Töten kleinen Raubwildes war, wird nicht deshalb zum perfekten Familienhund, weil Sie nicht mit ihm zur Jagd gehen! Manchem Terrierbesitzer wird das erst klar, wenn der Hund genau die Eigenschaften zeigt, die er für den Job benötigt, für den er eigentlich geboren wurde.

Urahn Wolf

Hunde sind keine Wölfe. Viele Eigenschaften des Wolfes sind im Laufe der Domestikation, in der jahrtausendelangen Entwicklung zum heutigen Haushund, verloren gegangen. Andere Eigenschaften haben sich entwickelt, die das Zusammenleben zwischen Mensch und Hund für beide erst möglich machen. Wölfe sind Raubtiere, und Raubtiere können nur leben, wenn sie regelmäßig Beutetiere töten, um sie zu verspeisen. Nun kommt die Beute nicht zum Wolf und bittet, gefressen zu werden. Nein, der Wolf muss schon etwas dafür tun! Er muss umherziehen und mit Hilfe seines genialen Geruchssinns, seiner Augen und seines hochfeinen Gehörs Beute aufspüren, um sie dann zu verfolgen, zu packen und zu töten. Da der Wolf normalerweise kein Einzelgänger ist, sondern in der Gemeinschaft mit anderen Wölfen lebt und auch in der Gemeinschaft jagt, ist er durchaus in der Lage, Tiere zu töten, die wesentlich größer sind als er, z.B. Elche oder Hirsche. Mäuse und andere kleine Nager verachtet er als bereichernde Abwechslung für seinen Speiseplan ebenso wenig wie gelegentlich Früchte und Beeren. Der »böse« Wolf, der das »arme« Reh tötet, hat durchaus eine wichtige Funktion in der Natur! Kein Wolf wird unnötige Anstrengung auf sich nehmen und damit Energie verschwenden, um seine Beute zu erlegen. Das jagende Rudel sucht sich aus der erspähten Gruppe von Beutetieren häufig jenes Tier heraus, das in irgendeiner Weise Schwäche zeigt. Dieses Tier wird dann gezielt von allen gejagt. Das heißt, Raubtiere töten gezielt schwächere Beutetiere. Wer gesund, stark, schnell und erfahren ist, hat eine größere Chance zu entkommen und am Leben zu bleiben, und nur wer lebt, kann sich auch vermehren und seine guten Erbanlagen weiter geben.

Ein Raubtier, welches eine Beute jagt, hat keine Wahl anders zu handeln. Es setzt kein Denkprozess ein, beim Anblick des Beutetieres, der zu einer bewussten Entscheidung führt, sondern es beginnt ein bewährter Ablauf festgelegter Verhaltensweisen. Der hungrige Wolf, der den Hirsch oder den fliehenden Hasen sieht, verspürt einen Zwang, sich anzupirschen, ihn zu hetzen, zu packen und letztlich zu töten und zu fressen. Die Natur lässt ihm keine Wahl in seinem Verhalten, er muss auf einen bestimmten Reiz in einer bestimmten Art und Weise reagieren.

Werden Hunde möglichst früh an andere Haustiere gewöhnt, so ist ein friedliches Zusammenleben auch mit potenziellen Beutetieren möglich.

Jagdliches Handeln wird von unseren Hunden auf vielfältige Weise im Spiel geübt, beispielsweise auch mit Ersatzbeute.

Die nahezu perfekte Gemeinschaftsjagd des Wolfes beherrschen unsere Haushunde im Allgemeinen nicht mehr, was nicht heißt, dass sie grundsätzlich nicht mehr in der Lage wären zu hetzen und zu töten. Viele Rassen sind sogar hoch spezialisiert auf Teilbereiche der Jagd, andere allerdings besitzen nur noch wenig jagdliche Neigungen.

Natürlich ist es nicht die Aufgabe des normalen Familienhundes, Rehe oder Kaninchen zu hetzen und zu töten. Warum aber tun sie es gelegentlich? Die Antwort ist einfach: Es ist der Reiz, der von der sich bewegenden Beute ausgeht, der viele Hunde zwingt, genau wie Urgroßvater Wolf, diese potenzielle Beute zu verfolgen. Der Hund, der seine Bedürfnisse nicht ausleben kann, der nicht vernünftig beschäftigt wird, keine Aufgabe hat und dadurch völlig unterfordert und unausgelastet ist, verfolgt gegebenenfalls alles, was sich bewegt: Jogger, Fahrradfahrer, spielende Kinder, im Extremfall sogar Schatten. Wer schon einmal mit einem Hund gearbeitet hat, der gerne Spielzeug apportiert, wird sicher wissen, wie schwer es ist, ihm beizubringen, sitzen zu bleiben und abzuwarten, bis er auf Kommando das geworfene Apportel holen darf. Hält es ihn aber schon bei einer leblosen Ersatzbeute kaum auf dem Hinterteil, wie viel größer ist dann erst der Reiz, der von einer lebenden Beute ausgeht.

Das Rudel und die Rangordnung

Urgroßvater Wolf lebt im Rudel, im Prinzip in einer Art Großfamilie, aus der gelegentlich Mitglieder fortziehen, der sich manchmal aber auch neue Mitglieder (fremde Wölfe) anschließen können. In dieser Gemeinschaft gelten Regeln, die ein unkompliziertes Miteinander möglich machen. Sie dienen dem Schutz des einzelnen Tieres und damit letztlich dem Fortbestand der Art.

Früher ging man aufgrund von Beobachtungen in Wolfsgehegen davon aus, dass es in einem Wolfsrudel immer eine ganz klare hierarchische Ordnung gibt, die jedem einzelnen Rudelmitglied eine bestimmte Position zuweist und diese im Prinzip in allen Lebenssituationen Bestand hat. Durch intensive Freilandbeobachtungen an wild lebenden Wöl-

fen und verwilderten Haushunden weiß man heute deutlich mehr über das Zusammenleben in diesen sozialen Gemeinschaften. Es finden sich hier nicht starre Rangordnungen, sondern es handelt sich eher um ein Beziehungsgeflecht, in dem die einzelnen Mitglieder Aufgaben wahrnehmen und eine Position innehaben, die ihrem Alter, ihren Erfahrungen und ihren Fähigkeiten entsprechen. Die ranghöchste Position im Rudel haben nicht unbedingt die körperlich stärksten Tiere, es sind eher ältere und lebenserfahrene, die sich durch souveränes und sicheres Auftreten auszeichnen. Ihre Fähigkeit, Gefahren zu erkennen und abzuwehren ist für die jüngeren, unerfahreneren Gruppenmitglieder von großem Wert. Auch wenn sie Privilegien gegenüber rangniederen Tieren genießen, haben sie

Im Rudelalltag überwiegen positive soziale Gesten. Kontaktliegen ist ein wichtiges Element des täglichen Miteinanders.

Der Welpe lernt, wann gemeinsames Spiel mit der Beute angesagt ist und wann er besser Abstand hält. Auch unsere Kinder müssen das lernen!

es nicht nötig, kleinlich auf ihren Rechten zu bestehen. Sie können es sich leisten, Dinge zu tolerieren und zu ignorieren, die sie im Moment nicht weiter stören.

In vielen Punkten im Umgang mit unseren Hunden müssen die Menschen lernen, aufgrund dieser neuen Erkenntnisse umzudenken. Ging man z.B. immer davon aus, dass das Recht zuerst zu fressen grundsätzlich ranghohen Tieren zusteht und diese davon Gebrauch machen, indem sie auch jederzeit Beute einfordern, weiß man heute, dass im Allgemeinen dem die Beute gehört, der zuerst dran war. Ohne akuten Nahrungsnotstand wird weder der ranghohe Wolf noch der verwilderte Haushund seinem Rudelgenossen das Futter wegnehmen, nur um mal eben zu demonstrieren, wer hier der Boss ist.
Die Jagd auf größere Beutetiere findet im Allgemeinen gemeinsam statt. Die geniale Aufgabenteilung und die feine Abstimmung der Rudelmitglieder in ihrem Handeln ermög-

lichen Jagderfolge, die das Rudel am Leben halten. Die erlegte Beute wird möglichst schnell von allen gefressen und bei Bedarf sehr ernsthaft gegen andere Raubtiere verteidigt.

Auch die Verteidigung des Territoriums ist durch das Agieren möglichst vieler Mitglieder der Gemeinschaft eher von Erfolg gekrönt. Je nach allgemeiner Lebenssituation und Versorgungslage werden Eindringlinge in bestimmten Bereichen geduldet oder verjagt, gegebenenfalls auch getötet.
Zu Zeiten, in denen Nachwuchs erwartet oder aufgezogen wird, ist die Bereitschaft, alle Ressourcen zu verteidigen, deutlich höher. Häufig haben nur die beiden ranghöchsten Tiere Nachwuchs. Man geht davon aus, dass zu Zeiten der Welpenaufzucht alle Rudelmitglieder hormonell in Aufzuchtstimmung sind. Sie beteiligen sich mehr oder weniger an der Pflege und Erziehung der Welpen. Einige unterstützen die Mutter als eine Art Kindermädchen sogar sehr intensiv.

Bedeutung für unseren Alltag

→ Hunde stammen vom Wolf ab. Ihr Verhalten hat seinen Ursprung im Verhalten der Wölfe, auch wenn sie es zum Teil in veränderter oder reduzierter Form zeigen. Der Hund ist also von seiner biologischen Einordnung her ein Raubtier. Das Nachstellen und Töten einer Beute ist natürliches Verhalten und wichtig für das Überleben.

→ Der Reiz, der Beutefangverhalten auslöst, muss nicht nur von Wild ausgehen. Fliegende Blätter im Wind, Jogger, Fahrradfahrer, rennende Kinder oder zu Boden gestürzte Kinder können solches Verhalten auslösen.

→ Es gibt Hunde, die auf Grund von züchterischer Selektion kaum noch Jagdverhalten zeigen, andere haben sehr ausgeprägte Eigenschaften, die dem jagdlichen Verhalten zuzuordnen sind.

→ Das potenzielle Beutetier, das Schwäche zeigt, wird bevorzugt gejagt. Bei Hunden mit extrem hoher jagdlicher Motivation, die nicht gut auf den Menschen sozialisiert sind, kann es passieren, dass sie auch den Menschen, der Schwäche zeigt, als Beute ansehen. Dabei kann es sich beispielsweise um kleinere Kinder, ältere Menschen oder auch einen zu Boden gestürzten Menschen handeln.

→ Verhaltensweisen sind durch Erfahrungen in den sensiblen Entwicklungsphasen, durch Erziehung und sinnvolle Auslastung beeinflussbar.

→ Hunde sind sozial lebende Tiere, die auf die Gemeinschaft angewiesen sind. Weder eine Einzelhaltung im Zwinger, noch das Alleinlassen eines Hundes über viele Stunden am Tag ist artgerecht.

Der isoliert gehaltene Hund wird fast zwangsläufig Verhaltensauffälligkeiten zeigen!

→ Eine Rangordnung, in der ein Hund eine untere soziale Position einnimmt, ist für ihn völlig normal, bietet ihm existentielle Sicherheit und macht ihn keineswegs zum Fall für den Psychiater.

→ Ranghohe Rudelmitglieder zeichnen sich durch Souveränität und sicheres Handeln aus. Sie haben es nicht nötig, kleinlich auf ihre Privilegien gegenüber den Rangniederen zu bestehen.

→ Ein Hund braucht eine Aufgabe innerhalb seiner sozialen Gemeinschaft. Er möchte mit seinen »Rudelmitgliedern«, sprich den Menschen zusammenarbeiten. Wild lebend hätte er ständig Aufgaben und geistige Forderung, die ihn auslasten würden. Bieten wir ihm nicht die nötige Beschäftigung, wird er sich selbst etwas suchen, was ihn auslastet, und mancher Hund kommt da auf geniale Ideen!

→ Alle wichtigen Ressourcen, z.B. Sozialpartner, Nachwuchs, das eigene Territorium oder Beute (jede Art von Beute!) werden gegebenenfalls bewacht und verteidigt, nicht nur gegenüber Artgenossen. Dadurch bedingte Aggressionen können sich auch gegen Menschen richten, sowohl gegen die »eigenen« als auch gegen fremde (z.B. Besucher, Kinder, die zum Spielen kommen).

→ Der Hund, der im Rudel auftritt, fühlt sich stärker als der, der alleine agiert. Problematisch kann dies insbesondere dann sein, wenn Hunde isoliert und ohne vernünftigen Menschenbezug als Rudel (das können auch nur zwei sein) im Zwinger gehalten werden.

Einander verstehen

Keine Gemeinschaft kann funktionieren, wenn ihre Mitglieder sich nicht untereinander verständigen können. So haben alle höher entwickelten Lebewesen, insbesondere die, die in sozialen Gemeinschaften leben, differenzierte Formen der Kommunikation entwickelt. Betrachten wir ein Wolfsrudel und seine sozialen Strukturen, so ist es völlig klar, dass wir es dort mit einer Fülle von Kontakten untereinander, sozusagen mit einer »regen Unterhaltung« zwischen den einzelnen Mitgliedern zu tun haben.

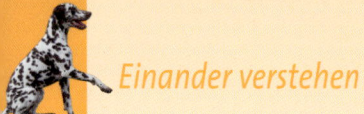

Was Hänschen nicht lernt ...

Die Unterhaltung zwischen Wölfen oder Hunden sieht natürlich völlig anders aus als zwischen Menschen. Vielfältige Formen der Körpersprache spielen eine große Rolle in der Kommunikation, aber auch ein reiches Repertoire an Lauten und über den Geruchssinn wahrnehmbare Signale sind für die gegenseitige Verständigung von Bedeutung. Wie Kinder, die ihre Muttersprache lernen, muss auch der junge Wolf oder Hund lernen, die Sprache seiner Artgenossen zu verstehen und die Regeln im Zusammenleben zu akzeptieren. Es wurde bereits erwähnt, dass der junge Hund oder Wolf in den ersten vier Monaten seines Lebens besonders intensiv lernt. Diese Entwicklungsphase hat zum Teil prägungsähnlichen Charakter. Was der Hund hier lernt, ist von elementarer Bedeutung für sein späteres Verhalten. Was er z.B. in Bezug auf soziales Verhalten in diesen Wochen nicht lernt, ist in den meisten Fällen gar nicht oder nur mühsam nachholbar. Ein Hund, der in den ersten Lebensmonaten nicht ausreichend Möglichkeiten hatte, mit anderen Hunden, auch mit anderen Welpen, Kontakt zu haben, zu spielen, seine Kräfte zu messen, sich unterordnen zu müssen oder auch mal der Stärkere zu sein, wird später kaum in der Lage sein, sich seinesgleichen gegenüber artgerecht zu verhalten.

Alle lebenswichtigen Verhaltensweisen werden in der geschützten Atmosphäre des Spiels geübt.

Bereits beim Züchter muss der Welpe lernen, dass Kinder, auch Babys und Kleinkinder, mögliche Sozialpartner sind.

Das heißt nun nicht, dass wir den Junghund nach 16 Wochen getrost von anderen fern halten können. Natürlich lernt er weiter, auch was das soziale Verhalten anbetrifft. Alles, wofür der Grundstein gelegt wurde, verfestigt sich, wird weiter ausgebaut, muss aber auch, insbesondere in der Pubertät, immer wieder aufgefrischt und bestätigt werden.

Hat ein Hund in den entscheidenden Entwicklungsphasen, und hier entscheiden die ersten fünf bis acht Lebenswochen, den Menschen nicht ausgiebig als Sozialpartner kennen und schätzen gelernt, wird er diesen auch später nicht oder nur schwer als solchen akzeptieren und mit großer Wahrscheinlichkeit kein intensives Vertrauensverhältnis aufbauen können. Es reicht nicht aus, dass der im Zwinger gehaltene Welpe vom Menschen gefüttert wird. Es muss ein intensiver sozialer Kontakt vorhanden sein, und zwar mit möglichst unterschiedlichen Menschen. Erwachsene und Kinder in unterschiedlichen Entwicklungsphasen haben völlig verschiedene Erscheinungsbilder. Sie unterscheiden sich z.B. in ihren Bewegungen, in der Art sich fortzubewegen, in ihren Lautäußerungen, im Geruch oder in der Art zu handeln und mit anderen Lebewesen zu kommunizieren. Der junge Hund muss all diese Erscheinungsformen »speichern«. Er muss Erfahrungen sammeln im Umgang mit Menschen, ihr Verhalten einzuordnen lernen und möglichst auch noch Positives mit ihnen erleben. Nur so kann der erwachsene Hund später wissen, dass das Kleinkind, welches ungeschickt auf ihn zutappst, keine feindlichen Absichten hat, dass es ihn nicht dominieren will, wenn es ihn umarmt, und dass das Kind, welches beim Spiel stürzt, ein potenzieller Sozialpartner und keine zu erlegende Beute ist!

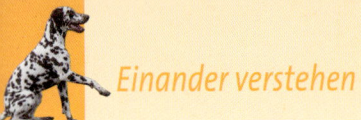

Kommunikation durch Körpersprache

Für viele Menschen ist das ganz einfach: Wedelt der Hund mit dem Schwanz, ist er freundlich. Dass das ein folgenschwerer Irrtum sein kann, wird manchem zu spät bewusst. Schwanzwedeln bedeutet zunächst Anspannung, Erregung, ebenso wie das Aufstellen der Nackenhaare. Schauen wir uns alle anderen Signale an, die der Hund gleichzeitig sendet, können wir aus dem Gesamtbild auf die aktuelle Stimmung schließen. Niemals darf ein einziges, letztlich beliebig gewähltes Signal aus dem Gesamtbild als sicheres Indiz für die Stimmungslage des Hundes herangezogen werden. Schließlich gehen Sie auch nicht davon aus, dass jeder, der im Kaufhaus eine Hand in die Tasche steckt, etwas gestohlen hat.

Die beiden stehen nicht zufällig T-förmig voreinander. Der Riesenschnauzer begrenzt den Weg der Parson Russell-Hündin. »Tiffy« signalisiert durch ihre Körpersprache, dass sie das nicht dulden wird: sie macht sich groß, wird starr, fixiert den Rüden, zeigt dezent die Zähne und knurrt.

Schauen wir uns nun noch einmal die wilden Vorfahren an. Im diffizilen Beziehungsgeflecht eines Rudels wird es immer wieder geschehen, dass Rudelmitglieder an Grenzen rütteln oder sie bewusst oder versehentlich überschreiten. Wölfe sind sehr wehrhafte Tiere. Würden sie nun bei jeder Auseinandersetzung sofort ernsthaft von ihren Zähnen Gebrauch machen, hätte das fatale Folgen: stets wären Mitglieder des Rudels verletzt und dadurch geschwächt und könnten nicht ihre ganze Kraft für die alltäglichen Belange des Rudels einsetzen. Die Folge wäre klar: Es gäbe keine Wölfe mehr! Da unserem Wolf aber nun die Worte fehlen, muss er seinem Gegenüber in anderer Weise absolut klarmachen, wie er die Situation sieht. Dazu dient, wie gesagt, in erster Linie die Körpersprache. Vieles davon finden wir auch noch bei unseren Haushunden.

Im alltäglichen Umgang mit Hunden erleben wir manchmal, dass ein Hund einem Artgenossen seine Stärke demonstrieren möchte, indem er sich groß macht, das Nackenfell sträubt, starr in seinen Bewegungen wirkt. Der Blick wird starr, fixiert gegebenenfalls den Gegner. Drohend könnte er knurren, die Lefzen anheben und somit die Zähne zeigen, vielleicht in Richtung seines Gegners in die Luft schnappen oder auch kurz vorpreschen, um ihn zu verjagen. Kapiert der immer noch nicht den Ernst der Lage, fühlt er sich vielleicht ebenso stark, könnte es zu einer Rangelei kommen. Es klappen Gebisse, es fliegt vielleicht Fell, aber es passiert in der Regel nichts Ernsthaftes bei diesen Auseinandersetzungen, denn alle Bisse erfolgen gehemmt, das heißt, nicht mit der tatsächlichen Beißkraft, sondern nur angedeutet. Dieses Verhalten macht uns oft Angst, da wir die

Aggression nicht einschätzen können. Unsere Hunde beherrschen, vorausgesetzt, dass sie es als junger Hund trainieren durften, ein großes Repertoire an Gesten, die dem Artgenossen klarmachen können, dass er gerade dabei ist, Grenzen zu überschreiten. Drohgesten oder Abbruchsignale dienen im Allgemeinen der Distanzvergrößerung und damit der Verhinderung von Ernstkämpfen. Auch die Prügelei mit gehemmtem Beißen dient der nachdrücklichen Klärung der Standpunkte. Zu beschädigendem Beißen kommt es zum einen bei ernsthafter Ressourcenverteidigung, oft aber auch dann, wenn die Hundebesitzer eher harmlose Auseinandersetzungen nicht verstehen, selbst aufgeregt und panisch eingreifen und so unnötige Aggression ins Geschehen bringen. Der

Aufreiten auf einen anderen Hund ist nicht immer sexuell motiviert. Es kann auch eine Dominanzgeste sein. »Max« signalisiert durch Blickfixieren und Zähnezeigen, dass er sich diese Grenzüberschreitung von »Tristan« nicht gefallen lassen wird.

eigene Hund fühlt sich im Zweifel angefeuert oder sieht sich genötigt, nun auch noch seinen Menschen zu verteidigen.

Die so genannte Beißhemmung, die für solche Auseinandersetzungen wichtig ist, muss der Welpe lernen, sie ist ihm nicht angeboren. Er muss sowohl im Umgang mit Artgenossen als auch mit dem Menschen lernen, wie man vorsichtig genug agiert, um nicht zu verletzen.

Dem Hund, der sein Gegenüber friedlich stimmen möchte, stehen viele Signale zur Verfügung, die klarmachen, dass man die Stärke des anderen akzeptiert und der Auseinandersetzung aus dem Weg gehen möchte. Macht sich der Starke groß, wird sich logischerweise der Schwächere klein machen. Seine Beine sind eingeknickt, seine Rute ist gesenkt, vielleicht zwischen den Beinen eingeklemmt, der Kopf ist ebenfalls gesenkt, vielleicht seitlich geneigt.

Im Spiel mit Artgenossen oder Menschen muss der Welpe lernen, dass der zu heftige Gebrauch seiner Zähne Konsequenzen hat.

Er schaut weg, vermeidet den Blickkontakt, um nicht durch fixierendes Anschauen zu provozieren. Entweder er sucht das Weite und stellt damit die der Situation angemessene Distanz her oder er zeigt weitere Beschwichtigungssignale. In demütiger Haltung könnte er versuchen, dem großen Meister durch Lefzenstupsen zu vermitteln, dass er freundlich zu ihm sein möge. Sein ganzes Gehabe, seine Mimik ist betont welpenhaft, zeigt also, dass der Führungsanspruch des Gegenübers keinesfalls in Frage gestellt werden soll.

Die Golden Hündin steht starr über der jüngeren Labrador Hündin. Diese hat ihre Bewegungen »eingefroren« und vermeidet damit jede Provokation der stärkeren Hündin gegenüber. Sie signalisiert durch passive Unterwerfung, dass sie den Führungsanspruch der anderen Hündin akzeptiert. Rein physisch sind beide sicher gleich stark.

Der Versuch, uns Menschen an die »Lefzen« zu stubsen oder die Mundwinkel zu lecken, steckt übrigens häufig dahinter, wenn Hunde uns anspringen. Unsere Mundwinkel sind eben so weit oben, dass der Hund springen muss, um sie zu erreichen. Ziel dieser Aktion ist es, um freundliche Zuwendung zu bitten. Diese Geste hat ihren Ursprung im Futterbetteln des Welpen.

Betrachten wir die unterschiedliche Gestalt unserer heutigen Haushunde, dann wundert es nicht, dass manche Verhaltensforscher bezweifeln, dass sich wirklich noch alle Hunde untereinander verstehen. Die Tatsache, dass viele Hunde nicht sozialisiert sind, weil der Mensch ihnen als Welpe und Junghund das soziale Lernen verwehrte, lassen wir hier einmal außer Acht. Es gibt nicht nur Unterschiede darin, was bei den einzelnen Hunderassen oder Schlägen vom Ausdrucksverhalten des Stammvaters Wolf überhaupt übrig geblieben ist, es gibt auch Hunde, die auf Grund ihrer körperlichen Erscheinung gar nicht mehr in das normale Kommunikationsschema ihrer Art passen. Hunde mit zuchtbedingter Fehlstellung des Kiefers, die permanent die Zähne zeigen, Hunde, deren kupierte Rute oder Ohren ein Kommunikationshindernis darstellen oder solche, deren faltiges Gesicht keine verwertbare Mimik mehr zulässt, haben häufig ein ernstes Problem mit Artgenossen.

Im Spiel werden sowohl Elemente aus dem sozialen Bereich als auch aus dem jagdlichen Verhaltensrepertoire geübt. Die Handlungen wechseln einander ohne »tieferen Sinn« ab. Es werden keine biologisch sinnvollen Handlungsketten gezeigt und es kommt nicht zu »Endhandlungen«.

Bedeutung für unseren Alltag

➡ Hunde verfügen über ein hoch entwickeltes Kommunikationssystem, bei dem die Körpersprache eine besondere Rolle spielt.

➡ Droh- und Beschwichtigungsgesten dienen von ihrem Ursprung her dem friedlichen Miteinander. Sie haben den Zweck, beschädigendes Verhalten zu verhindern.

➡ Ein Hund beherrscht nicht von Geburt an alle Formen der Kommunikation und alle sozialen Regeln. Insbesondere Welpen und Junghunde müssen soziale Kommunikation ausreichend trainieren, z.B. in gut geleiteten Welpen- und Junghundgruppen.

➡ Der intensive Kontakt mit Menschen, auch mit Kindern verschiedenen Alters, ist in sensiblen Entwicklungsphasen (insbesondere bis zur achten Lebenswoche) besonders wichtig, damit er auch sie als Sozialpartner abspeichert und lernt, mit ihrer Art der Kommunikation umzugehen.

➡ Da Hunde nun einmal kein Menschenverhalten zeigen können, werden sie hundliche Abbruchsignale, Dominanz- oder Demutsgesten auch dem Menschen gegenüber zeigen. Kann dieser sie nicht einordnen, kommt es zwangsläufig zu Missverständnissen.

➡ Kinder sollten so früh wie möglich mit den Formen hundlicher Kommunikation vertraut gemacht werden. Sie müssen lernen, den Hund zu beobachten und ihr eigenes Verhalten darauf einzustellen. Erst wenn sie zuverlässig dazu in der Lage sind, kann ihnen eine gewisse Selbstständigkeit im Umgang mit dem Hund zugestanden werden.

➡ Auch wenn alle Hunde vom Wolf abstammen und im Ursprung gleiches Verhalten hatten, dürfen wir nicht davon ausgehen, dass auch heute noch alle Hunde zuverlässig miteinander kommunizieren können. Das kann daran liegen, dass der Mensch sie durch Verstümmelung (man nennt das Kupieren) oder Zucht in ihrem Aussehen oder Wesen so verändert hat, dass es zwangsläufig zu Missverständnissen kommt oder dass keine ausreichende Sozialisierung in Bezug auf Artgenossen stattfand.

Demokratie und andere Missverständnisse

Wer eine fremde Sprache erlernen möchte, wird nicht umhin kommen, sich dem intensiven Studium von Vokabeln zu widmen. Auch unsere Hunde sprechen eine fremde Sprache, haben sozusagen eine fremde Kultur und nur wenn wir bereit sind, ihre Sprache zu lernen, ihr Verhalten richtig zu deuten, können wir auch richtig mit ihnen umgehen, uns selbst so verhalten, dass sie uns verstehen. Nicht nur Englisch- und Lateinvokabeln sind wichtig! Lernen Sie doch mal mit Ihren Kindern Hündisch! Zunächst sollte das theoretische Hintergrundwissen rund um den Hund geschaffen werden. Durch gezieltes Beobachten von Hunden im Umgang miteinander, am besten kommentiert durch einen Fachmann, lernt der Mensch dann langsam zu verstehen, was da so zwischen ihnen passiert.

Der beliebteste Fehler im Umgang mit Hunden ist sicher, sie zu vermenschlichen, ihnen Gedanken und Gefühle des Menschen zuzuschreiben und jede ihrer Handlungen so zu begründen und zu entschuldigen. Unser Hund ist z.B. nicht »beleidigt«, weil ich mit ihm geschimpft habe, er hat vielmehr festgestellt, dass der Boss ziemlich gereizt ist. Der Mensch, der sich vor ihm aufbaut, ihn streng fixiert, sich vielleicht drohend über ihn beugt, ihn sogar noch mit tiefer Stimme »anknurrt«, wirkt eben bedrohlich! Da der Hund im Allgemeinen nicht die Auseinandersetzung sucht, wird er uns aus dem Weg gehen, sich in seinen Korb verziehen und jeden Blickkontakt vermeiden, um uns nicht weiter zu reizen. Er weiß auch normalerweise nicht »genau«, was er angestellt hat. Er weiß, dass sein Mensch sauer ist und zeigt Beschwichtigungsgesten, um ihn freundlich zu stimmen. Er versteht den Inhalt unserer Worte nicht, er vernimmt eine freundliche oder aggressive Grundstimmung in der Tonlage und im ganzen Ausdrucksverhalten des Menschen.

Die Idee, mit ihnen in einer Gemeinschaft mit demokratischer Ordnung zu leben, ist eher zum Scheitern verurteilt. Bin ich als Mensch unsicher, mache ständig Kompromisse, zwinge den Hund, ständig eigene Entscheidungen zu treffen, bin ich keine Führungspersönlichkeit. In einer Gemeinschaft von Hunden ist kompetente Führung aber wichtig. Jedes Handeln des Hundes, das ich gestatte, wird er zukünftig als seine Aufgabe im Rudel ansehen. Mancher eher unsichere Hund wird damit hoffnungslos überfordert sein und bald stressbedingt unerwünschte Verhaltensweisen zeigen, nicht selten schwer kontrollierbare Aggressionen. Der sichere, souveräne Hund wird schlicht das Ruder übernehmen, wenn Sie es ihm anbieten. Gerade mit Blick auf das gemeinsame Leben mit Kindern und den Familienalltag kann beides zur Katastrophe werden! Geben Sie als Erwachsener dem Hund nicht genug Sicherheit durch souveräne und kompetente Führung, können sowohl Stress und Angst als auch Größenwahn des Familienhundes zur ernsthaften Gefahr für die Kinder werden!

Den souveränen und ruhigen Umgang mit dem Hund können ältere Kinder schon gut lernen. Häufig sind sie in ihrer Körpersprache klarer als manch ein Erwachsener.

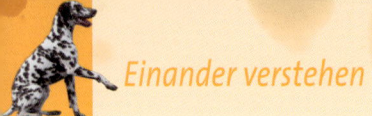

Nutzen wir die Körpersprache!

Unsere Körpersprache ist für den Umgang mit unseren Hunden von elementarer Bedeutung. Wir können sie bewusst einsetzen in der Kommunikation mit dem Vierbeiner. Wichtig ist, dass wir keine Signale aussenden, die wir eigentlich gar nicht aussenden wollen! Beobachten Sie nicht nur sich selbst sehr genau, sondern auch die Menschen in Ihrer Umgebung im Umgang mit Hunden. Sie werden erstaunt sein, was dem Hund da manchmal signalisiert wird! Im Rollenspiel lässt sich mit Kindern korrektes Verhalten gut üben!

Souveränität kann z.B. in aufrechtem Gang und zielgerichtetem Handeln demonstriert werden. Eigene Vorhaben werden in Ruhe und ohne Aufregung verfolgt, ohne sich ständig von

»Ivanhoe« und Elias sind ein vertrautes Team. Der Rüde hat gelernt, dass die überschwänglichen Liebesbezeugungen des Kindes nicht als Dominanzgesten einzuordnen sind.

Aktionen des Hundes einschränken zu lassen. Ich muss beispielsweise nicht permanent stehen bleiben, weil mein Hund in jeder Geruchsmarke abrupt stoppt oder sich bei mal eben quer vor mich stellt, meinen Weg begrenzt und gegebenenfalls noch Streicheleinheiten fordert. Ich muss auch weder auf jede kleine Provokation noch auf jede Spielaufforderung eingehen. Ich kann es mir leisten, tolerant und ignorant zu sein, und genau dann zu agieren, wenn ich es für richtig halte.

Viele nett gemeinte Gesten im Umgang mit unserem Vierbeiner haben aus seiner Sicht eindeutig unfreundlichen Charakter. Bereits ein kurzer fixierender Blick kann als Drohung, als Abbruchsignal aufgefasst werden. Er kann dazu dienen, den eigenen Hund mal eben in die Schranken zu weisen. Er kann aber auch den eher unsicheren Hund noch mehr verunsichern oder den sich freudig nähernden Hund dazu bewegen, uns besser doch aus dem Weg zu gehen. Der fremde, eher auf Krawall gebürstete Hund fasst es vielleicht als Kampfansage auf, die einen Angriff seinerseits nach sich zieht. Das Kleinkind, das dem Hund Auge in Auge gegenüber steht, ihm sozusagen tief in die Augen schaut, kann ähnlich wirken.

Das Vornüberbeugen, sich über den Hund beugen, ist ebenso bedrohend. Viele Menschen machen diese durchaus freundlich gemeinte Bewegung, wenn der Hund in ihre Richtung kommt und wundern sich, dass er dann doch beschließt, lieber nicht zu nah heran zu kommen. Manches Kind beugt sich über einen

Kinder des eigenen artgemischten Sozialverbandes dürfen den Hund meist intensiv anschauen, ohne dass dies als dreistes Drohfixieren gewertet wird. Ein Kleinkind, das sich auf Augenhöhe bewegt, hat gar keine andere Chance, als dem Hund ins Auge zu schauen. Vorsicht! Das muss nicht bei jedem Hund gut gehen, schon gar nicht mit fremden Kindern!

Hund, um ihn zu streicheln! Auch das Kind, das über den Hund klettert, kann auf diesen bedrohlich wirken. Er sieht diese Handlung gegebenenfalls als ungebührliche Dominanzgeste des Kindes an.

Der erwachsene Mensch, der schnurstracks und mit festem Schritt auf den Hund zugeht, das Kind, das schreiend auf ihn zurennt, sie könnten den Eindruck vermitteln, den Hund verjagen zu wollen, ähnlich wie der Hund, der den Artgenossen aus dem eigenen Revier treiben will.

»Campari« lässt es sich gefallen, dass die Kinder ihn begeistert begrüßen und sich über ihn beugen. Als Therapiebegleithund hat er Erfahrungen mit unbedachten und ungeschickten Annäherungen durch Menschen. Unsichere oder weniger menschenerfahrene Hunde können hier ein ernstes Problem haben!

Kind und Hund und die Rangordnung

Wenn wir noch einmal überlegen, was ein ranghohes Rudelmitglied ausmacht, welche Eigenschaften und Fähigkeiten es haben muss, wird schnell klar, dass Kinder im Ranggefüge nicht »Boss« sein können. Wir können Sie mit fundiertem Wissen und gutem Vorbild dahin leiten, dass sie es einmal werden, bis dahin liegen jedoch Führung und Verantwortung ausschließlich beim Erwachsenen!

Wie sieht der Hund das Kind?

Natürlich können wir Hunde nicht befragen zu diesem Thema, beobachtet man jedoch ihr Verhalten gegenüber Kindern verschiedenen Alters und vergleicht es mit dem Verhalten gegenüber Welpen und Junghunden, so kann man daraus durchaus Rückschlüsse ziehen. Auch der Verhaltensforscher Dr. Erik Zimen(†) hat bei Hunden, die bei sehr ursprünglich lebenden afrikanischen Völkern leben, aber auch bei seinen eigenen Wölfen das Verhalten gegenüber Kindern beobachtet und beschreibt eine gelassene Freundlichkeit, mit der sie ihnen begegnen. Er stellte unter anderem fest, dass beispielsweise beim Volk der Turkana Hunde sogar eine Babysitterfunktion bei Babys und Kleinkindern wahrnehmen, ähnlich wie die Babysitter innerhalb des Wolfsrudels. Dieses Verhalten nun unkritisch auf Hunde in unserer Lebenssituation zu übertragen, könnte fatal sein!

Egal wie alt unsere Kinder sind, es ist wichtig, dass dem Hund klar ist, dass sie unter unserem persönlichen Schutz stehen und wir da keinen Spaß verstehen! Keine Hündin würde Übergriffe gegenüber ihren Welpen dulden,

»Wir« haben Nachwuchs.

Der »Chef« beschützt auch den Hund! Der kleine Paul wird zum Füttern der Hündin sicher gestellt und lernt dabei, dass der Hund das Recht hat, in Ruhe zu fressen.

dulden also auch Sie grundsätzlich kein übergriffiges Verhalten des Vierbeiners dem Kind gegenüber!

Ein wichtiger Faktor für das Verhalten des Hundes gegenüber unseren Kindern ist nicht zuletzt die gute Integration in sein Menschenrudel. Hierzu gehört auch, dass es eine Führungsebene gibt, bei der alle »Führungskräfte« an einem Strang ziehen und nicht gegeneinander arbeiten! Hunde, die eine sichere Stellung innerhalb des artengemischten Familienverbandes haben, die ihre Grenzen kennen, von Geburt an die richtigen Dinge lernen durften und ihrer Veranlagung entsprechend gehalten und ausgelastet werden, sind eher nicht die Weggefährten, die zum Problem werden. Ein Hund, der stets die soziale Struktur in Frage gestellt sieht, der zudem selbst immer wieder Führungsansprüche stellt, wird gegebenenfalls stetig daran arbeiten, sie seinerseits zu klären. Und wo beginnt der pfiffige Hund? Sicher nicht beim stärksten Mitglied der sozialen Gemeinschaft, sondern eher etwas weiter unten - und da sind wir wieder bei den Kindern!

Das kleine Kind

Das kleine hilflose Tier, ebenso wie das kleine Kind, zeigen ein so genanntes Kindchenschema: Merkmale wie großer, runder Kopf, große Augen, tapsige Bewegungen signalisieren Schutzwürdigkeit, Pflegebedürftigkeit. Junge Tiere und junge Menschen bedürfen nicht nur der besonderen Pflege und Versorgung durch die Erwachsenen, sie müssen auch viel lernen. Lernen heißt auch, ausprobieren, Fehler machen, darüber erkennen, was gut und für das Individuum von Nutzen ist. Das Fehlermachen bezieht sich natürlich auch auf Verhaltensweisen im sozialen Bereich. Das heißt, der Welpe hat, damit er ausprobieren und lernen kann, eine ganze Menge »Narrenfreiheit«, darf sich also ziemlich viel erlauben, bevor er zurecht gewiesen wird.

In Zeiten in denen Nachwuchs erwartet und aufgezogen wird, sind alle Gruppenmitglieder hormonell bedingt in Aufzuchtstimmung. Dies ist häufig auch dann der Fall, wenn ein Hund in einer Familie lebt, in der ein Kind erwartet wird oder kleine Kinder leben. Es ist also davon auszugehen, dass der Familienhund den Kindern seiner sozialen Gemeinschaft gegenüber ähnlich agiert und reagiert, wie gegenüber Welpen des eigenen Familienverbandes. Das bedeutet, dass häufig Babys und kleine Kinder recht viele Freiheiten bei gut sozialisierten Hunden haben und sich Dinge herausnehmen dürfen, die bei größeren Kindern oder fremden Erwachsenen vielleicht nicht geduldet würden. Gehen wir also davon aus, dass der **normale, gesunde und gut sozialisierte** Hund das Baby und Kleinkind im Prinzip als Welpen seines Familienrudels ansieht.

Kontaktliegen ist ein wichtiges soziales Element, auch für »Juma« und Paul.

Wichtig!

Dieser »Welpenschutz« gilt wohlgemerkt, wenn überhaupt, für Kinder der eigenen sozialen Gemeinschaft! Es kann durchaus passieren, dass Hunde zu den »eigenen« Kindern ausgesprochen nett und fürsorglich sind, fremde Kinder aber eher den Status des rudelfremden Welpen haben, der als unnötige Konkurrenz angesehen wird!

Allzu sehr sollte uns diese Gelassenheit unseres Hundes dem »Menschenwelpen« gegenüber aber nicht beruhigen, denn was passiert, wenn der kleine Quälgeist dann doch an die Grenze dessen gerät, was für das erwachsene Tier noch tolerabel ist? Selbstverständlich wird er mit den Mitteln zurechtgewiesen, die der normalen Kommunikation unter Hunden dienen, denn genau diese müsste ein Welpe ja lernen. Reicht der vielsagende Blick nicht aus, wird also geknurrt, die Lefzen werden angehoben, es wird mal in die Luft geschnappt. Eventuell wird über die Schnauze gegriffen oder der renitente Welpe wird notfalls auf den Boden gedrückt, wenn er es nun gar nicht begreifen will.

Stellt man sich diese Methoden der Zurechtweisung, selbst wenn es sehr dezent geschieht, nun gegenüber einem Krabbelkind vor, welches begeistert den Hund erkundet, ist zu befürchten, dass diese Erfahrung für das Kind sehr schmerzhaft wird. Natürlich kann ein Kleinkind im Gegensatz zum Hundewelpen nicht blitzschnell lernen, bestimmten Bewegungen des erwachsenen Hundes aus-

Diese Drohgeste zu übersehen könnte fatale Folgen haben!
»Belli« wird auf Distanz zu ihr und der »Beute« bestehen!

Müssen Hunde Nase putzen? Natürlich nicht, aber die Kuvasz
Hündin lässt den »Menschenwelpen« gelassen agieren.

zuweichen, auf seine Mimik, seine Drohlaute mit entsprechendem Respekt und Abstand zu reagieren. Das Kind wird schnell Schrammen, eventuell sogar Wunden davontragen, denn die Haut eines Kindes ist eben nicht die eines Welpen, sie ist viel verletzbarer. Schnell spricht man dann von dem bösen Hund, der dem Baby ins Gesicht gebissen hat und eigentlich eingeschläfert gehört – und dabei wollte der Hund nur zurechtweisen – so wie ein Hund eben korrekt Fehlverhalten korrigiert!

Die Erwachsenen, unter deren Obhut Kind und Hund stehen, haben in diesem Moment versagt, weil sie es versäumt haben, sich über ihren Hausgenossen und sein Verhalten vernünftig zu informieren und so das Kind in Gefahr gebracht haben! Kleinkinder sind in ihrem Forscherdrang unkalkulierbar. Sie wollen und

müssen die Welt entdecken und das mit aller Energie, die ihnen zur Verfügung steht, und das ist gut so. Die verantwortlichen Erwachsenen, müssen sich dieser Gefahr, die hier im Zusammenleben mit Hunden entstehen kann, bewusst sein! Baby und Kleinkind haben nicht nur beim Hund eine Sonderstellung, sie stehen meist ohnehin im Mittelpunkt der Aufmerksamkeit, schon allein deshalb, weil man gelegentlich sie selbst und ihre Umwelt vor ihren guten Ideen schützen muss. Sie werden in ihren Aktionen dem Hund gegenüber oft gebremst und permanent richtig angeleitet werden müssen.

Wichtig!

Egal, wie gut sozialisiert, gut erzogen und freundlich ein Hund ist, er wird nicht lernen zu sprechen und zu handeln wie ein Mensch! Wer Baby oder Kleinkind mit Hunden unbeaufsichtigt lässt, handelt unverantwortlich!

Das ältere Kind

Irgendwann sind alle Kleinkinder der »Welpenphase« entwachsen und werden langsam zum mehr oder weniger brauchbaren Spielgefährten für den Hund. Die Tatsache, dass ein Kind aufrecht und relativ sicher laufen kann, macht es aber noch lange nicht zum Boss! Es ist eher aufgestiegen in die Klasse der gleichrangigen Kumpels. Lässt man sich vom Kumpel Befehle geben oder Futter abnehmen? Eher nicht! Je älter und selbstbewusster das Kind aber wird, je mehr es auf eigene Kraft und eigenes Kön-

Gemeinsam die Welt entdecken kann so schön sein!

nen vertraut, desto mehr wird es auch ernsthaft bestrebt sein, die Großen im Umgang mit dem Hund zu imitieren und sich dem Vierbeiner gegenüber durchzusetzen. Und was soll der arme Hund tun, der sich von dem Kumpel nicht unterordnen lassen will und vom Chef nicht beschützt wird? Er hat immer noch nicht gelernt, zu handeln wie ein Mensch!

Kindergartenkind und Schulkind können auf dem Weg zum »Hundeführer« im Alltag durch uns Erwachsene eine ganze Menge Unterstützung erfahren. Dem Kind können Aufgaben übertragen werden, die es im Ansehen des Hundes steigen lassen. Was ist wichtiger als Futter? Na klar, derjenige, der das Futter verwaltet. Lassen Sie die Kinder füttern. Selbst das Kindergartenkind kann unter Ihrer Aufsicht den Hund absitzen lassen, ihm das Futter hinstellen und ihm erlauben zu fressen. Es darf

dann nicht (Besitz signalisierend) die Hand im Napf lassen oder das Futter vielleicht noch einmal wegnehmen! So etwas ist Zankerei und kontraproduktiv! Das Kind soll ja in positiv souveränem Licht erscheinen. Ältere Schulkinder können durchaus selbstverantwortlich füttern. Dass dies nur für den Hund ohne jegliche Beuteaggression zutrifft, versteht sich von selbst! Gelegentliche Kontrollen sind zur Sicherheit nötig, bei jedem Hund.

Auch die Körperpflege des Hundes ist ein Bereich, in dem Kinder unterschiedlichen Alters dabei sein oder Aufgaben übernehmen können. Das Kind, das streichelt oder bürstet, betreibt soziale Körperpflege. Hunde, die zu einer sozialen Gemeinschaft gehören, tun das untereinander z.T. sehr intensiv. Schauen Sie genau hin, ob Ihr Hund es genießt oder ob er der Meinung ist, dass Ihr Sprössling seine Individualdistanz unterschreitet!

Anna lernt, wie sie den Hund auf sich konzentriert, damit er neben ihr »Fuß« geht. Ihre Mama hält »Felice« dabei an der lockeren Leine.

Auch das »Sitz« übt Anna mit korrekter Körpersprache und dem richtigen verbalen Signal »an den Hund« zu bringen.

Leiten Sie Ihr Kind bei allen möglichen Alltagssituationen an, kleine Übungen mit dem
Hund korrekt durchzuführen. Das Kindergartenkind oder jüngere Schulkind macht alles
mit Ihnen gemeinsam! Das ältere Schulkind
kann, wenn Kind und Hund das gleicherma-
ßen positiv finden, auch Dinge alleine üben, die
Sie gemeinsam vorbereitet haben. Kinder und
Hunde werden oft über die Erarbeitung kleiner
Kunststücke zum Team. Beide können dadurch
Erfolgserlebnisse haben, die den Umgang miteinander positiv beeinflussen. Das Kind wächst
mit allem, was es dem Hund beibringt langsam
in eine führendere Rolle hinein.

Dem Nachwuchs muss immer klar sein, dass
Probleme mit dem Hund niemals alleine, sondern immer nur mit Hilfe eines Erwachsenen
gelöst werden! In einer Konfliktsituation, in der
ein Kind alleine ist, sollte es sich schlicht um-
drehen und ruhig weggehen. Das signalisiert
sicher mehr Souveränität als der erfolglose
Versuch sich durchzusetzen, der auch schlimmstenfalls mit einer Verletzung enden kann.

Von Ausnahmen abgesehen, beginnt die Chance, wirklich als Boss angesehen zu werden, eigentlich erst mit fortgeschrittener Pubertät,
wenn das Erscheinungsbild, Bewegungen,
Geruch, Stimme und was sonst dazu gehört,
eher dem erwachsenen Menschen entsprechen. Sicher spielt dabei auch eine Rolle, dass
ja eigentlich vom Jugendlichen erst zu erwarten ist, dass er sich konsequent und kompe-
tent dem Hund gegenüber verhält. Erst dem
Jugendlichen oder jungen Erwachsenen
können wir Eigenschaften zuschreiben, die
vorausschauendes Führen möglich machen.

*Wer von klein an den richtigen Umgang mit Hunden lernen
durfte, wird als Jugendlicher meist in der Lage sein, souverän
und korrekt zu agieren. Hier wird der kleine Bruder gleich
mit angeleitet.*

Er wird mit entsprechendem Training in der
Lage sein, komplexe Situationen zu überbli-
cken, Gefahren frühzeitig zu erkennen, Pro-
blemen aus dem Weg zu gehen, den Hund im
Zweifel zu beschützen.

Wichtig!

Gelegentlich kommt es vor, dass Rüden
gegenüber Jungs, die sich in der Pubertät
befinden, auffällig werden. Hierbei ist von
verzögertem Gehorsam bis zu aggressiven
Übergriffen alles möglich. Dies betrifft insbesondere unkastrierte Rüden, die mangels
Erziehung und klarer Grenzen, ihren Platz
im Ranggefüge ständig neu diskutieren
müssen. Nehmen Sie solches Verhalten sehr
ernst und suchen Sie kompetente Hilfe!

Traumteam Smilla und »Pina«

Trotzdem gibt es diese Kind-Hund-Gespanne, die genial aufeinander eingespielt und unzertrennlich sind. Es gibt Hunde, die gerne und ohne jede Aufmüpfigkeit jedes Kommando kleiner Menschen befolgen, die begeistert sind, vom Kind und mit ihm etwas lernen zu dürfen. So etwas lässt sich aber nicht erzwingen! Ein solches Team kann nur entstehen, wenn das Kind das nötige Einfühlungsvermögen und das nötige Sachwissen hat, sozusagen als Hund denkt, wenn der Hund sich gerne unterordnet und wenn der Erwachsene im Hintergrund ist, der die Fäden in der Hand hält und damit den beiden diese traumhafte und sichere Beziehung ermöglicht!

Es bleibt ein Wagnis!

Ein Hund, der in einer Familie mit Kindern lebt, muss von seinem Wesen her grundsätzlich friedlich und freundlich sein und die Bereitschaft mitbringen, sich in angemessener Form in sein Rudel, sprich die Familie, zu integrieren. Hunde, die bei jedem Kommando eine Grundsatzdiskussion beginnen, die eigentlich gar nicht, und bei den Kindern schon sowieso nicht, bereit sind, einer Anweisung zu folgen, vielleicht sogar häufig Drohgesten ihnen gegenüber zeigen, sind für das Leben in der Familie nicht geeignet!

Gemeinsam ausruhen und Kräfte sammeln, um gemeinsam Unfug zu machen.

Es ist auch nicht jeder Hund in der Lage, das oft turbulente Chaos in einem Kinderhaushalt zu ertragen! Manchmal ist es dann erforderlich, dass sich zum Wohle aller, die Wege wieder trennen, auch wenn es im Moment hart ist. Es kann nicht Sinn des Zusammenlebens mit Hunden sein, dass Kinder sich nicht mehr wie Kinder verhalten dürfen! Kein Kind, auch kein älteres, ist in der Lage, über jeden Schritt, jede Handbewegung nachzudenken und sich permanent »problemhundgerecht« zu verhalten. Der Hund, der in einer Familie mit Kindern überfordert ist, kann in einem ruhigeren Haushalt gegebenenfalls aufblühen und ein schönes Leben genießen. Mein dringender Rat ist es, Kinder und Hunde gezielt und bewusst zu beobachten und so, sich anbahnende Probleme so früh wie möglich wahr zu nehmen. Nehmen Sie kompetente Hilfe in Anspruch bevor es zu ernsten Zwischenfällen kommt! Häufig lassen sich Problemchen noch erfolgreich behandeln, bevor sie sich zur Katastrophe auswachsen. Wer den Alltag mit Kindern und Hunden kennt, weiß, dass es zwar erstrebenswert ist, dass beide nie unbeaufsichtigt zusammen sind, dass es aber auch immer wieder Momente geben kann, in denen das nicht der Fall ist. Genau diese Momente und all die unvorhersehbaren Situationen im Zusammenleben mit Kindern und Hunden machen es erforderlich, dass das Verhalten unseres Familienhundes so viel Sicherheit wie möglich bietet.

Manchmal scheinen kleine Kinder schneller als der Blitz zu sein. Sie abzufangen, bevor sie dem Hund zu nahe kommen, ist zwar wünschenswert, gelingt im Familienalltag aber nicht immer.

Es ist unverzichtbar, dass Kinder, auch jene, die ohne eigene Hunde aufwachsen müssen, so viel wie möglich über diese Spezies lernen. Sie müssen lernen, die Ausdrucksformen des Hundes zu deuten und sich entsprechend zu verhalten, um zu einem selbstverständlichen Miteinander mit dem Hund zu finden. Kein Kind soll einen Hund unnötig provozieren (wozu es wissen muss, wie er sich provoziert fühlt!), aber auch nicht von ihm »untergebuttert« werden. Dieses Gleichgewicht kann nur mit Hilfe und Einflussnahme des Erwachsenen hergestellt werden, der notfalls sofort eingreift, wenn der Hund sich dem Kind gegenüber ungebührlich verhält.

Auch wenn kein Kind ohne Gegenwart eines Erwachsenen versuchen sollte, irgendetwas bei einem Hund durchzusetzen, ist es realitätsfremd, dass Kinder jeder »Machtprobe« mit

dem Hund aus dem Weg gehen können. Der Alltag erfordert, dass selbst das Kind, welches eigentlich kein großes Interesse am Hund hat, ihm in irgendeiner Weise begegnet. Ihn innerhalb der Hausgemeinschaft immer zu ignorieren, ist schlicht nicht möglich, z.B. wenn er vor der Haustür steht und das Kind gerade ohne ihn das Haus verlassen möchte, wenn das Kind sich nicht das Butterbrot aus der Hand stehlen lassen will oder seinen Schuh gern wieder hätte. Selbst, wenn wir versuchen, einem Kind klarzumachen, dass in solchen Situationen immer der Erwachsene helfen soll, selbst wenn Eltern bemüht sind, auch das Schulkind nicht unnötig mit dem Hund allein zu lassen, der Alltag wird die Theorie besiegen!

Denken wir noch einmal an die wissenschaftlichen Untersuchungen, die belegen, wie hilfreich Hunde in der Erziehung und Entwicklung von Kindern sein können: Was ist mit dem

Die Nähe des vertrauten Vierbeiners gibt Sicherheit und hilft, zu entspannen.

geduldigen vierbeinigen Freund, dem man alles erzählen kann? Vielleicht, wenn Mutter oder Vater permanent daneben stehen? Wie soll man als Kind in Ruhe spielen und die Zeit vergessen, wenn die Mutter daneben steht und ständig auf den nächsten Termin hinweist, weil sie Kind und Hund ja nicht alleine lassen kann? Wir befinden uns hier in einem Zwiespalt, der nur in jedem Einzelfall zu lösen ist, und zwar unter Berücksichtigung der Individualität des Kindes und des jeweiligen Hundes. Logisch denkende, hochintelligente und verantwortungsbewusste erwachsene Menschen machen Fehler, das spontane und eher emotional geleitete Kind macht Fehler, und der noch so freundliche und wohlerzogene Hund ist ein Tier und birgt in seinem Verhalten immer ein gewisses Restrisiko. Wir können im Leben nie jedes Risiko ausschließen, wir können aber nach bestem Wissen und Gewissen handeln. Der tägliche Schulweg unserer Kinder birgt sicher viel mehr Gefahren als das Zusammenleben mit Hunden. Dennoch: Es bleibt ein Wagnis!

Grundvoraussetzungen für eine sichere Kind – Hund – Beziehung

→ Informieren Sie sich umfangreich und lernen Sie gemeinsam mit Ihren Kindern vor dem Hundekauf bereits viel über Hunde, z.B. über Verhalten, Kommunikation und unterschiedliche Veranlagungen.

→ Wählen Sie eine Rasse nach ihren Wesenseigenschaften und Anforderungen an den Alltag und natürlich nach Ihren realen Bedürfnissen diesbezüglich sorgfältig aus.

→ Suchen Sie einen verantwortungsbewussten Züchter, bei dem die Welpen optimal aufwachsen und weder Mutterhündin noch Welpen unnötigen Stress haben und besuchen sie die Zuchtstätte so oft wie möglich.

→ Suchen Sie mit dem Züchter einen geeigneten Welpen aus.

→ Führen Sie die begonnene Sozialisierung und Umweltgewöhnung wohl dosiert fort.

→ Nehmen Sie bei der Auswahl eines erwachsenen Hundes die Hilfe eines unabhängigen Fachmanns in Anspruch.

→ Sorgen Sie dafür, dass jeder Hund ausreichende Ruhezonen und –phasen hat.

→ Leiten Sie Ihre Kinder von Anfang an so an, dass sie den richtigen Umgang mit dem Tier bewusst lernen.

→ Sorgen Sie für eine gute und sinnvolle Erziehung und vermitteln Sie Ihrem Hund, wer welche Rechte und Aufgaben in der Gemeinschaft hat.

→ Beobachten Sie Kind und Hund genau und bemessen alles, was beide miteinander tun dürfen kritisch und individuell.

→ Lassen Sie Baby und Kleinkind sowie fremde Kinder nicht alleine mit dem Hund!

Problemsituationen im Alltag

Wie schon am Anfang dieses Buches gesagt, geht die Gefahr für Kinder gar nicht in erster Linie von dem übermäßig aggressiven Hund mit verantwortungslosem Besitzer aus. Es sind die vielen kleinen Situationen des Alltags, die Gefahren bergen können, weil wir als Mensch und nicht als Hund denken. Die Kunst im Umgang mit kleineren Kindern und Tieren liegt unter anderem auch darin, dass der Betreuer das, was sein Schützling gleich wahrnehmen wird, worauf er gleich reagieren wird, bereits zur Kenntnis genommen und Vorsichtsmaßnahmen getroffen hat. Also Augen auf!

Ein Baby kommt

Ihr Hund war bisher Ihr Augenstern, genoss Ihre ganze Aufmerksamkeit, hatte alle Freiheiten der Welt, durfte in Ihrem Bett schlafen, auf dem Sofa liegen, wurde pausenlos beschmust. Er hatte die häusliche Situation also gut unter Kontrolle. Nun kommt Ablösung, denn Sie erwarten ein Baby. Dieses braucht natürlich viel Aufmerksamkeit und Pflege, sprich ein Großteil der Zeit und Zuwendung, die bisher dem Vierbeiner zustanden, werden in Zukunft dem kleinen Erdenbürger gewidmet. Zudem haben Tanten, Großeltern und Freunde bereits eindringlich geäußert, wie unhygienisch Hundehaltung doch in einem Haushalt mit Baby sei, wie gefährlich der Hund für das Neugeborene ist, und dass er ja wohl auf keinen Fall ins Kinderzimmer darf!

In dem Bestreben alles richtig zu machen, versuchen die jungen Eltern nun jedem gerecht zu werden. Der Hund genießt weiterhin alle Privilegien bis zur Geburt, weil er danach zurückstehen muss. Das Baby wird geboren und Freund Hund erfährt einen jähen sozialen Absturz! Das Kinderzimmer wird desinfiziert und zur hundefreien Zone erklärt, das Sofa ist tabu, da hier gestillt wird und der Hund nicht in die Nähe des Babys darf. Bett ist schon gar nicht mehr drin, da liegt ja das Kind gelegentlich, und die Zeit zum Schmusen mit dem Vierbeiner ist höchstens da, wenn der Nachwuchs schläft. Logisch, dass der Hund dieses komische Geschöpf, welches plötzlich all seine Privilegien erhält, nicht gerade zu schätzen lernt! Er wird weggeschickt, darf das Kind nicht beschnuppern, keinen Kontakt mit ihm haben, und seine geliebten Menschen schwirren nur noch um

In Sicherheit einander begegnen, einander kennen, schätzen und akzeptieren lernen – erste Schritte zum Traumteam.

dieses brüllende Etwas herum. Rudelmitglied? Schutzwürdig? Pflegebedürftig? Davon kann der Hund nichts feststellen! Er wird ja ausgeschlossen, oder wird das Kind ausgeschlossen? Egal, die Katastrophe ist vorprogrammiert. Ein Hund, der so behandelt wird, muss fast zwangsläufig verhaltensauffällig werden, gegebenenfalls sogar Aggressionen zeigen gegen den brüllenden Eindringling.

Das andere Modell sähe so aus: Die vielen Privilegien des Hundes werden während der Schwangerschaft langsam abgebaut und auf ein Maß gefahren, welches auch später sinnvoll ist. Da Frauchen im Alltag die meiste Zeit mit dem Kind verbringen wird, wäre es wün-

In den meisten Alltagssituationen darf der Hund einfach dabei sein. Wird er unsinnig aus dem sozialen Geschehen ausgeschlossen, sind Probleme vorprogrammiert.

schenswert, wenn sich der Partner bereits in der Schwangerschaft aktiv an der Versorgung des Hundes beteiligt, damit die Betreuung des Hundes nach der Geburt des Kindes flexibel gehandhabt werden kann. Der Hund wird dem Tierarzt vorgestellt, regelmäßig entwurmt und natürlich geimpft.

Das Gesamtverhalten des Hundes wird gut beobachtet, insbesondere auch sein Verhalten Kindern gegenüber. Hierbei ist aber zu bedenken, dass ein Hund, der aufgrund der Schwangerschaft seiner Besitzerin vermutlich hormonell bedingt auch in Aufzuchtstimmung ist, fremden Kindern nicht unbedingt freundlich gesonnen sein muss. In freier Natur wäre der Welpe eines anderen Rudels eher Konkurrent für den eigenen Nachwuchs und würde auch so behandelt, gegebenenfalls getötet. Die Möglichkeit, dass der eigene Hund sowohl in der Schwangerschaft als auch wenn das Baby da ist, unfreundlich auf andere Kinder reagiert muss also immer im Hinterkopf sein. Sollte Ihr Hund tatsächlich solches Verhalten zeigen, ist das zwar verständlich, muss aber keineswegs toleriert werden! Sie sollten von Anfang an klar stellen, wer entscheidet, welche Menschen in Ihre Nähe kommen dürfen. Bestehen auch nur Ansätze problematischen Verhaltens, sollte sofort ein kompetenter Trainer zu Rate gezogen werden. Eine Schwangerschaft ist lang genug um das eine oder andere Fehlverhalten (von Mensch und Hund) noch sinnvoll korrigieren zu können. Auch wenn keine besondere Problematik gesehen wird, empfiehlt es sich, die neue Situation einmal mit einem Fachmann durchzusprechen.

Gehen wir davon aus, dass Sie einen sicheren, freundlichen, wohlerzogenen und gut sozialisierten Hund haben, von dem keine unmittelbare Gefährdung des Kindes zu erwarten ist. Stellen Sie ihm Ihr Baby, wenn es nach Hause kommt, schlicht und ergreifend als neues Rudelmitglied vor. Der vorsichtshalber angeleinte Hund, der sicherheitshalber von einer zweiten Person gehalten wird, darf das Baby, das Sie sicher im Arm halten, beschnuppern. Sie entscheiden, wie viel Kontakt Sie zulassen, ebenso wie jede Hündin es gegenüber Rudelmitgliedern tut, wenn sie Welpen hat! Sollte Ihr Vierbeiner in irgendeiner Weise unfreundliches Verhalten dem Nachwuchs gegenüber zeigen, wird er sofort energisch in seine Schranken gewiesen. Für diesen Fall haben wir ja zur Sicherheit die Leine dran. Ist dies kein einmaliger Ausrutscher, weil Freund Hund durch den Babystress irritiert ist, bleibt dieses Verhalten auch in den nächsten Tagen, sollten Sie nicht zögern, sich sofort an kompetente Trainer zu wenden!

Baby und Hund sind grundsätzlich niemals unbeaufsichtigt! Stellen Sie sicher, dass der Hund nie schneller am Kind sein kann als Sie! Ist das Kind im Bettchen, könnte beispielsweise der Hund immer neben Ihnen sein, notfalls an einer Leine, die Sie sich am Gürtel befestigen.

Ein gesunder und im Verhalten sicherer Hund darf einfach selbstverständlich am gemeinsamen Leben mit Baby teilhaben. Er darf dabei sein, wenn gestillt und gewickelt wird, er darf mit am Kinderwagen spazieren gehen, er darf einfach nach wie vor dazu gehören. Ziemlich sicher wird er feststellen, dass dieser kleine

Alle drei genießen die Nähe. Paul liegt dabei sicher in Mamas Arm.

Schreihals gar nicht übel ist und der Umgang mit ihm besonderer Sorgfalt bedarf.

Baby wird aktiv

Beginnt der kleine Mensch, seine Welt zu erkunden, werden die Eltern besonders aufmerksam sein müssen. Auch den Hund, seine Augen, seine Ohren, seine Pfoten will Baby entdecken. Schnell sein, heißt hier die Devise, verhindern, dass das Kind den Hund bedrängt und jener es zurechtweisen muss, wie man eben aufdringliche Welpen zurechtweist.

Besonderes Augenmerk sollte darauf gelegt werden, dass kein Kleinkind die Nähe eines Hundes sucht, der gerade frisst. Auch der Versuch, ihm ein Spielzeug abzunehmen, muss verhindert werden: Jede Beute wird im Zweifel verteidigt! Viele erwachsene Hunde legen gezielt eine Beute in ihrer Nähe ab und bestehen darauf, dass kein rangniederes Rudelmitglied und kein vorwitziger Welpe sich diesem Gegenstand nähert. Tut es doch einer, wird das gesamte Warn- und Drohrepertoire abgespielt. Der Hund ahnt natürlich nicht, dass unser Kleinkind dieses nicht verstehen und angemessen reagieren kann.

Baby muss die Welt im wahrsten Sinne des Wortes begreifen. Seine feinmotorischen Fähigkeiten sind aber noch nicht so weit gediehen, dass es vorsichtig zufassen und gezielt loslassen kann. Vorsicht! Es kann dem Hund unbeabsichtigt sehr weh tun!

Nicht jeder Hund bleibt so cool, wenn der zweibeinige Irrwisch seinen Korb erobert. Bei vielen Hunden wird es sicherer sein, solche Aktionen grundsätzlich zu verhindern und zu verbieten. In jedem Fall muss es Rückzugsmöglichkeiten geben, die Sicherheit vor kleinen Zweibeinern bieten.

Auch der Korb oder ein anderer Platz, an den ein Hund sich zurückgezogen hat, um seine Ruhe zu haben, kann zur bösen Falle werden, wenn das Kind ihn dort bedrängt. Besonders gefährlich kann es werden, wenn Freund Hund keine Ausweichmöglichkeit hat und statt mit Flucht nur mit Verteidigung reagieren kann.

Und manchmal beißt das Kind

Wie schnell und unkalkulierbar Kleinkinder sein können, bewiesen meine beiden großen Kinder, die im Alter von ca. 1 Jahr gelegentlich wie Jähzornteufelchen den Hund, der stoisch im Weg lag, aus lauter Frust mal eben bissen. Zum Glück war meine Labrador-Hündin jedem Menschen ausschließlich freundlich gesonnen. Sie leckte den Kindern in solchen Momenten einmal freundlich durchs Gesicht und suchte sich dann einen ruhigeren Platz, aber immer nur für wenige Minuten, denn es war das Wichtigste für sie, immer mitten im Geschehen zu sein. Es störte sie auch nicht, wenn sie gelegentlich von einem umherfliegenden Spielzeug getroffen wurde.

Erwarten sie solche Gelassenheit bitte um Gottes Willen nicht von jedem Hund! Ein kleines Kind kann in seiner Wut einem Hund sehr weh tun. Sich zu wehren gegen den kleinen Wüterich wäre nur allzu normales Verhalten eines Hundes. Sobald ein Kind auch nur annähernd in der Lage ist, so etwas zu verstehen, sollte ihm sehr nachdrücklich und immer wieder erklärt werden, dass man anderen Lebewesen nicht weh tut und dass solches Verhalten negative Konsequenzen für es selbst haben kann.

Kleinkind und Welpe

Sollten Sie vorhaben, zu Baby oder Krabbelkind einen Welpen ins Haus zu holen, empfehle ich vorsorglich die Beschaffung einer Vorratsdose Valium – oder zumindest Baldrian! Bedenken Sie, dass beide sehr viel Aufmerksamkeit und Zuwendung brauchen, dass beide in einer sehr lernintensiven Phase sind und mit Macht ihre Umwelt entdecken wollen und müssen. Beide haben auch ihre Kräfte noch nicht unter

Kontrolle und müssen erst lernen, wie man dem Gegenüber begegnet. Das wird übrigens besonders »interessant«, wenn andere Mütter mit Kleinkindern zu Besuch kommen! Die spitzen Welpenzähne werden das blitzschnelle Krabbelkind, das unter Tisch und Stühlen hindurch schon wieder schneller am Hund war als Sie, sicher nicht begeistern. Vor allem aber werden beide geniale Ideen haben, wie sie Sie gemeinsam zum Wahnsinn treiben! Es wäre zu schade, wenn sich hier durch unnötigen Stress Fehler einschleichen würden, die vielleicht nicht mehr reparabel sind. Man tut sich leichter, die Babyphase von Kind und Hund nacheinander zu genießen!

Als meine älteste Tochter fünf Monate alt war, bekam ich meine erste eigene Labrador-Hündin. Da ich immer mit Kindern und Tieren gearbeitet hatte, dachte ich nicht im Traum darüber nach, was da auf mich zukam! Beide waren topfit, den ganzen Tag hellwach, fordernd, unternehmungslustig. Die ersten drei Wochen kosteten mich fünf Kilo Körpergewicht, und dabei dachte ich, im Umgang mit Kindern und Hunden fit zu sein!

Der Schein trügt, die beiden sind nicht so harmlos, wie sie aussehen! Gemeinsam haben sie viele gute Ideen!

Der »Jäger« und das Kind

Das wölfische Erbe, welches manchen Hund sozusagen zwingt, Dingen, die sich rasch bewegen nachzustellen, ist nicht selten Ursache für Unfälle mit Kindern. Nicht zu unterschätzen ist dabei auch die Tatsache, dass bei einigen jagdlichen Spezialisten ein kompromissloses Herangehen an die Beute und zudem eine recht hohe Aggressionsbereitschaft zur Beuteverteidigung züchterisch sehr stark gefördert wurde. Werden diese Hunde nicht sachgemäß aufgezogen, erzogen und ausgelastet, können hier Gefahrenmomente entstehen. Die Arbeit, sprich Auslastung mit einer Ersatzbeute ist nur dann gut, wenn dies mit Verstand, also über anspruchsvolles und kontrollierbares Apportieren geschieht.

Wichtig!

Eine besondere Gefahr kann von Hunden ausgehen, die gegenüber Menschen unzureichend sozialisiert wurden, jagdlich hoch motiviert sind und zudem noch zum unkontrollierbaren Balljunkie trainiert wurden, der im Zweifel alles packt, was sich bewegt.

Im Gegensatz zum Erwachsenen, der sich eher in gleichmäßigem Tempo bewegt, sind spielende Kinder sehr spontan in ihren Bewegungen. Sie rennen, hüpfen schreien und ziehen dadurch schon die Aufmerksamkeit auf sich. Mancher Hund fühlt sich animiert einfach mal hinzulaufen und zu schauen, was denn da so passiert. Hat ein Kind keine Erfahrungen mit Hunden und nicht gelernt, wie man sich ihnen

gegenüber verhält, beginnt oft genau hier die Katastrophe. Das Kind erschreckt sich über den Hund und ergreift, von einem panischen Zwang getrieben, die Flucht. Selbst wenn der Hund nur eine spielerische Jagd auf dieses aufmunternd flüchtende Kind beginnt, selbst wenn er es nur spielerisch am Arm oder Bein packt, umwirft, um es dann auf dem Boden festzuhalten und, immer noch in Spiellaune, ein wenig an seinen Sachen herum zerrt, kann diese Aktion reichen, um ein Kind zu verletzen und ihm einen unvergesslichen Schock zu versetzen. Der Hund, der diese »Jagd« mit ernsterer Grundhaltung verfolgt, wird kaum ein Problem haben, seine »Beute« zu töten. Flucht, Gegenwehr und das Schreien seines Opfers sind für manchen Hund ausreichend motivierende Reize, um jene zwangsläufige Kette von Handlungen in Bewegung zu setzen.

Der wohlerzogene und gut sozialisierte Hund wird kein Problem damit haben, wenn ein Kind rennt. Hunde ohne entsprechende Erfahrung und Erziehung im Zweifel sehr wohl!

Gelegentlich reicht auch der Sturz eines Kindes, um das Beutefangverhalten eines Hundes ihm gegenüber zu aktivieren.

Uninteressant wird die Beute meist, wenn sie sich nicht unnötig bewegt, wenn das Kind ruhig stehen bleibt. Der Reiz, der das Jagdverhalten auslöst, fehlt dann. Es ist in den meisten Fällen zu erwarten, dass der Hund sich, nachdem er das Kind gegebenenfalls beschnuppert hat, abwendet und sich Wichtigerem widmet. Verlassen kann man sich darauf zweifellos nicht, ganz abgesehen davon, dass ein Kind im Normalfall völlig überfordert damit ist, sich in so bedrohlicher Lage ruhig zu verhalten und sich nicht zu wehren.
Jeder Hundebesitzer muss seinen Hund sehr gut beobachten. Er muss wissen, ob sein Hund dazu neigt, Menschen, ob groß oder klein, ob Jogger, Fahrradfahrer oder laufende Kinder, zu verfolgen. Der bellend das Kind verfolgende Hund, dessen Besitzer eiligst versichert »Der tut nichts!«, tut sehr wohl etwas: er macht Angst! Die Spirale, die daraus entstehen kann, wurde wohl ausreichend beschrieben!

Ein Hund, der schon in der Welpenkiste vernünftigen Kontakt zu Kindern hatte, der also gelernt hat, dass sie nicht Beute, sondern Sozialpartner sind, ein Hund, dessen Jagdleidenschaft durch gezielte Erziehung und das Angebot, Ersatzbeute zu jagen (sinnvolle Apportierarbeit!), kontrollierbar ist, wird selten diesbezüglich eine Gefahr darstellen!

Kinder sollten von Eltern, Lehrern oder Erziehern in entsprechenden Alltagssituationen immer wieder darauf hingewiesen werden, dass sie keine Verhaltensweisen zeigen, die sie in Gefahr bringen könnten. Es könnte im Rollenspiel trainiert werden, dass das Kind ruhig stehen bleibt, nicht schreit, nicht die Arme hochreißt, den Blick abwendet, um so den Hund nicht in Panik zu fixieren und damit gegebenenfalls zu provozieren.

Besuch von fremden Kindern

Das Verhalten des eigenen Kindes ist im Allgemeinen einschätzbar, schwierig wird es bei Kindern, die zu Besuch kommen. Wir können nicht davon ausgehen, dass Kinder, die zum Spielen kommen, auf dem gleichen Kenntnisstand bezüglich des Hundeverhaltens sind, wie unsere. Der Hund strahlt meist eine besondere Attraktivität für Kinder aus. Zum Teil sind sie völlig vorbehaltlos und dadurch unvorsichtig, zum Teil zeigen sie aus Angst Verhalten, welches provozierende Wirkung hat.

Das Kind, welches den Hund als willkommenes Kuscheltier mit ins Spiel einbeziehen möchte, vielleicht ständig versucht, ihn zu etwas zu zwingen, ihn zu umarmen und damit seine Bewegung einzuschränken, ihn herumzukommandieren, wird gegebenenfalls hart an die Toleranzgrenze des Vierbeiner geraten, sie vielleicht überschreiten. Die Warn- und Drohgesten versteht es nicht und die ernstere Abwehr durch den Hund würde vielleicht verletzen.

Das ängstliche Kind wird sich sehr vorsichtig nähern, recht steif und eckig sein in seinen Körperbewegungen, vielleicht immer wieder zurückzucken, ein Verhalten, das den Hund zumindest irritieren kann. Schaut es ihm vielleicht auch noch pausenlos in die Augen, weil es ihn nicht aus dem Blick lassen möchte, so ist das für den Hund Provokation pur! Was passieren kann, wenn es vor dem Hund davonläuft, wurde im Kapitel über das Jagdverhalten bereits beschrieben.

Auch das wilde Spiel der eigenen Kinder mit fremden Kindern könnte für einen Hund schwer zu ertragen sein. Leicht könnte er »sein Kind« in Gefahr wähnen und es vor den vermeintlichen Übergriffen anderer Kinder beschützen wollen.

Wichtig!

→ Kommen fremde Kinder zu Besuch, ist besondere Vorsicht angebracht! Der Hund sollte die Kinder keinesfalls ohne Kontrolle durch einen Erwachsenen begrüßen dürfen. Er bleibt nicht ohne Aufsicht bei den spielenden Kindern!

Die Spielsituation scheint für alle entspannt zu sein. Trotzdem ist es erforderlich ein Auge darauf zu haben, denn das Spiel kann sich schnell ändern.

Das Territorium

Dass nicht nur das eigene Rudel, sondern auch das eigene Territorium gegebenenfalls bewacht wird, wurde schon erwähnt. Es gibt Hunderassen die das sehr ausgeprägt tun, andere halten eher dem Einbrecher die Taschenlampe. Bei manchen Typen von Hunden hat der Mensch seit Jahrtausenden dieses Wach- und Schutzverhalten enorm durch züchterische Selektion gefördert. Denken wir an Herdenschutzhunde, die als integrativer Bestandteil in der Herde leben und diese irgendwo, weit draußen, selbstständig vor Gefahren schützen sollen. Oder schauen wir all die Rassen an, deren Aufgabe seit urdenklichen Zeiten darin bestand, Haus und Hof zu bewachen. Selbst wenn man diese Anlagen bei seinem Hund nicht fördert, was über so viele Generationen Zuchtselektion im Wesen dieser Hunde manifestiert wurde, ist nicht plötzlich weg, weil sie mit einer netten Familie in einer Einfamilienhaussiedlung wohnen und diese ausgeprägten Eigenschaften nicht gebraucht werden. Auch ein musikalisch begabtes Kind wird nicht deshalb unbegabt, weil ich ihm verbiete, Klavier zu spielen.

Ein Hund mit sehr ausgeprägten Wacheigenschaften könnte z. B. ziemlich unfreundlich reagieren, wenn da plötzlich ein fremdes Kind irgendwo auf dem Grundstück oder gar im Haus steht, dessen geregelten Einlass er nicht mitbekommen hat. Es könnte schon verhängnisvoll sein, wenn das Kind zwar am Gartentor wartet, sich aber darüber beugt, um schon einmal den Hund zu begrüßen. Jener könnte sein Territorium dadurch bereits als verletzt ansehen und schlicht zubeißen.

Schon diese freundlich gemeinte Begrüßungsgeste des Kindes könnte von einem sehr pflichtbewussten Hund als Grenzüberschreitung angesehen werden.

Ein Unfall mit einem sehr pflichtbewussten Hund ereignete sich vor einiger Zeit in einem Nachbarort. Kinder spielten gemeinsam mit der zur Familie gehörenden Schäferhündin im Garten. Ein 12-jähriges Mädchen ging mit dem 3-jährigen Bruder an dem eingezäunten Grundstück entlang und es kam zu einem Wortgefecht der Kinder. Dabei hob das Mädchen den Bruder am Zaun hoch, und der kleine steckte seinen Kopf zwischen 2 Holzlatten des Zaunes. Die Schäferhündin schnappte zu und riss dem Kind ein Stück aus der Lippe. Sowohl das Territorium als auch die »eigenen« Kinder wurden hier bewacht, die Hündin hat ihrer Veranlagung entsprechend gehandelt.

Spiel mit Gegenständen

Nicht jede Familie besitzt ihren Hund bereits seit dem Welpenalter und hat dessen Erfahrungen mit Menschen und der Umwelt weitgehend miterlebt. Manche Hunde haben schlicht zu wenig Erfahrungen in den sensiblen Entwicklungsphasen mit dem Menschen machen können oder bereits eine traurige Geschichte hinter sich. Sie zeigen häufig in Momenten Angst, die von uns gar nicht als problematisch eingestuft werden. Nicht selten empfinden Hunde es als bedrohlich, wenn Gegenstände hoch gehalten werden. So wird das Federballspiel oder das Spiel mit einem Stock gelegentlich als Angriff gewertet, auf den, je nach Veranlagung des Hundes, mit Flucht oder Gegenwehr reagiert werden könnte. Auch hier ist es wieder von großer Bedeutung, dass der Erwachsene das Geschehen beobachtet und Situationen verhindert, die eskalieren könnten! Das jüngere Kind sollte ohnehin nicht unbeaufsichtigt in der Nähe des Hundes spielen, ältere Schulkinder werden vielleicht in der Lage sein, solche Ängste des Vierbeiners, so sie bekannt sind und ausreichend thematisiert wurden, in ihrem Verhalten zu berücksichtigen, fremde Kinder aber sicher nicht!

Häufig passiert es, dass der Hund den Spielgegenstand der Kinder, bevorzugt Bälle oder Federbälle durchaus aber auch Puppen oder Teddys, als willkommene Beute ansieht und kurzfristig davon Besitz ergreift. Vorsicht! Das Abnehmen einer Beute lässt sich nicht jeder Hund kommentarlos gefallen, und von gleichrangigen oder niederen Rudelmitgliedern, vielleicht sogar fremden Eindringlingen, schon gar

Der freundliche Versuch, mit dem Stock zu spielen, wird von der Hündin ganz offensichtlich als Bedrohung aufgefasst. Sie duckt sich und nähert sich beschwichtigend.

nicht. Es ist grundsätzlich zu empfehlen, dass der Erwachsene mit dem Hund das Abgeben von Beute trainiert. Dazu erfahren Sie mehr im Kapitel über Erziehung. Tritt eine Situation auf, in der ein Hund etwas Erbeutetes nicht hergeben will, würde ich einen Beutetausch empfehlen. Nicht Ihr Kind sondern Sie bieten dem Hund Futter oder ein Spielzeug an, sozusagen als Gegenleistung für die Herausgabe seiner Beute. Der Hund verknüpft so etwas Positives mit der Abgabe. Danach empfiehlt es sich, den Hund erst einmal sicherzustellen, damit die Kinder in Ruhe weiterspielen können. Ist Ihr regelmäßiges Training mit Beute erfolgreich, können später auch die Kinder miteinbezogen werden. Das gilt selbstverständlich ausschließlich für Hunde, die dabei nicht im Ansatz Aggression zeigen!

Kurze Leine – böse Falle

Was passieren kann, wenn kleine Kinder dem Hund immer hinterher krabbeln und ihn damit in die Ecke drängen, wurde bereits besprochen. Der bedrängte Hund, der nicht mehr ausweichen kann, wird sich gegebenenfalls ernsthaft wehren. Eine ähnliche Bedrängnis kann der Hund empfinden, wenn er an der kurzen Leine gehalten wird, da er auch hier nur sehr begrenzte Ausweichmöglichkeiten hat.

Es gibt sehr sichere Hunde, die einfach grundsätzlich eine gewisse Individualdistanz gewahrt haben möchten, die eine direkte körperliche Nähe nur ganz wenigen Personen zugestehen, die schlicht in Ruhe gelassen werden wollen. Sie werden gelassen der Nähe ausweichen oder durch Drohgesten bekunden, dass die nötige Distanz, sprich die Individualdistanz unterschritten ist, bevor sie zu

Die junge Hündin versucht, der Annäherung durch das Kind auszuweichen, wird aber durch die Leine begrenzt. Kind und Hund sind auf gleicher Augenhöhe. Eine Situation, die gefährlich sein kann!

Schließt sich die Fahrstuhltür, gibt es kaum noch Ausweichmöglichkeiten. Jeder Hundebesitzer muss seinen Hund in solchen Situationen gut beobachten und Stress verhindern.

ernsteren Mitteln greifen! Gut wäre, wenn ihre Menschen das in der Situation auch merken!

Weniger sicheren Hunden, denen vielleicht sogar eine Prägung auf den Menschen fehlt, macht die Nähe Angst. Angst und Aggression liegen dicht beieinander. Der ängstliche Hund wird in seiner Panik wesentlich eher zubeißen, da er sich in Gefahr wähnt. In Beratungsgesprächen weigern sich Hundebesitzer sehr häufig, die Gefahr, die gerade von solch einem ängstlichen Hund ausgeht, zu akzeptieren und sich entsprechend vorsichtig zu verhalten. Da diese Hunde oft im Umgang mit den ihnen vertrauten Menschen sehr freundlich sind, fällt es dem Besitzer meist schwer, sich vorzustellen, dass ihr Hund jemandem etwas zuleide tun könnte.

Welche Alternative hat aber ein ängstlicher Hund, der in die Enge gedrängt wird? Soll er freundlich darum bitten, dass man ihn in Ruhe lässt? Wir haben es hier wieder mit einer Form der Aggression zu tun, die der Selbsterhaltung dient. Der Hund der aus Angst beißt, weiß nicht, dass diese Reaktion meist völlig unnötig ist. Er glaubt in Gefahr zu sein und verteidigt sein Leben.

Eine typische Alltagssituation finden wir beim Hund, der vor dem Geschäft angeleint auf seinen Menschen wartet. Kinder kommen vorbei und stürzen sich begeistert auf den niedlichen Hund, der ja so alleine ist. Sie wollen ihn streicheln, trösten, umarmen ihn wohlmeinend. Hier schlägt die Falle nicht selten zu!

Die Curly Coated Retriever-Hündin ist ohne Leine abgelegt. Notfalls kann sie der Bedrängung ausweichen.

Der Hund, der neben seinem Menschen an der Leine läuft, ist nicht, wie der Gesetzgeber es glaubt, ungefährlich, nur weil er an der Leine ist. Einige Hunde fühlen sich besonders stark, wenn sie ihren Menschen am Strick haben und zeigen aggressives Verhalten Menschen oder Artgenossen gegenüber, welches sie ohne Leine und auf sich gestellt nicht zeigen. Manche haben auch den Anspruch, dass niemand außer ihnen sich diesem Menschen nähern darf. Sie betrachten ihn sozusagen als ihren Privatbesitz. Wer zu nahe kommt, wird gegebenenfalls bedroht oder gar attackiert. Aus all diesen

Gründen ist auch dringend zu empfehlen, nur freilaufende, niemals aber angeleinte Hunde Kontakt zueinander aufnehmen zu lassen! Vermitteln Sie Ihrem Kind also unbedingt und möglichst nachvollziehbar, dass angeleinte Hunde im Normalfall nicht angefasst werden und dass es sicherer ist, einen gewissen Abstand zu wahren!

Während ich hier sitze und schreibe, erhalte ich den Anruf einer Mutter, deren 8-jährige Tochter gerade von einem angeleinten Hund gebissen wurde. Der Hund läuft normalerweise auf einem großen eingezäunten Grundstück herum. Sein Besitzer, ein junger Mann, soll sehr stolz darauf sein, dass sein Hund eine sehr ausgeprägte territoriale und sozial motivierte Aggression zeigt, sprich das Grundstück und

ihn kompromisslos bewacht. Verwandte des Besitzers führten den Hund an der Leine aus und begegneten der Familie mit drei Kindern. Man blieb stehen, da man sich als Nachbarn kannte und lange nicht gesehen hatte, um sich zu begrüßen. Der Hund, der sich an der Leine langsam der Gruppe näherte, fixierte das Mädchen, knurrte kurz und griff sofort an, indem er an ihr hochsprang und ihr in den Hals biss. Das Eingreifen der Erwachsenen verhinderte Schlimmeres. Sofortige ärztliche Behandlung war nötig, es sind jedoch keine nachhaltigen gesundheitlichen Folgen für das Kind zu erwarten. Keiner der Beteiligten hatte geahnt, wie hoch die Aggressionsbereitschaft des Hundes wirklich ist und dass trotz, oder vielleicht auch gerade wegen der Leine, ein solcher Vorfall möglich wäre.

Dauerstress

Es gibt Hunde, die schlicht gar nichts zu beunruhigen scheint und andere, für die scheinbar alle Alltagssituationen eine Frage des Überlebens darstellen. Sicher gibt es Typen von Hunden, die deutlich sensibler auf Umweltreize reagieren, als andere. Was aber von großer Bedeutung ist für die Fähigkeit des Tieres, mit Umweltsituationen klar zu kommen, sind Umstände, die die Entwicklung eines Individuums bereits vorgeburtlich und in den sensiblen Phasen der ersten Wochen und Monate beeinflussen. Bereits die Tatsache, ob eine trächtige Hündin in sicherer und entspannter Atmosphäre lebt oder ob die Trächtigkeit von Angst- und Stresssituationen begleitet wird, beeinflusst die Entwicklung der Welpen massiv. Der Hund, der in eine Umgebung hinein geboren wird, in der die Mutterhündin sich sicher und geborgen fühlt, hat eine weitaus größere Chance, später gelassen und ausgeglichen zu werden, als der Vierbeiner, dessen Mutter während ihrer Trächtigkeit durch Hundefänger, lange Transporte, schwierige Tierheimsituationen und neue, unbekannte Umweltbedingungen beängstigt wurde. Wird die vorgeburtlich bedingte Stressanfälligkeit noch dadurch verstärkt, dass das soziale Lernen und Umweltlernen in den ersten sieben Lebenswochen nicht in ausreichendem Maße stattfindet, so ist die Wahrscheinlichkeit, dass ein Hund, der einen so ungünstigen Start ins Leben hatte, nicht zum sicheren und in allen Alltagssituationen gelassenen erwachsenen Hund heranreift, sehr groß.

»Jandro« ist vom ersten Atemzug an in das soziale Miteinander mit dem Menschen hineingewachsen. Er kennt Kinder von Beginn jeder möglichen Wahrnehmung an und kann die Nähe zu seiner kleinen Freundin Catharina genießen.

Wer den Alltag mit Kindern kennt, weiß, dass es hier zu gelegentlichen Turbulenzen kommt. Optische und akustische Reize, vor denen man sich als unsicherer Hund fürchten kann, gibt es hinreichend und ebenso kleine Menschen, die noch nicht in der Lage sind, die Ängste des Vierbeiners in ihrem Verhalten zu berücksichtigen. Oft ist eine Gewöhnung an diesen Familienalltag gar nicht oder nicht in einer für alle befriedigenden Form möglich. Die Hunde sind nicht selten permanent gestresst, neigen gegebenenfalls zu angstbedingten Aggressionen, werden unter Umständen krank. Für eine Familie mit Kindern gestaltet sich das Zusammenleben mit einem solchen Hund dann meist sehr schwierig, unfallträchtige Situationen sind vorprogrammiert.

Selbst für einen recht sicheren Hund, der mit guten Voraussetzungen ins Leben gestartet ist, kann der Familienalltag gelegentlich belastende Momente haben, um wie viel belastender ist er dann für den vierbeinigen Freund mit weniger gutem Nervenkostüm! Zur Sicherheit der Kinder und zugunsten des Hundes sollte dies im Vorfeld des Hundekaufs bedacht und berücksichtigt werden. Es ist niemandem geholfen, wenn aus Mitleid Tiere aufgenommen werden, die der neuen Lebenssituation nicht gewachsen sind. Müssen sie aus diesem Grund wieder abgegeben werden, leiden alle Beteiligten.

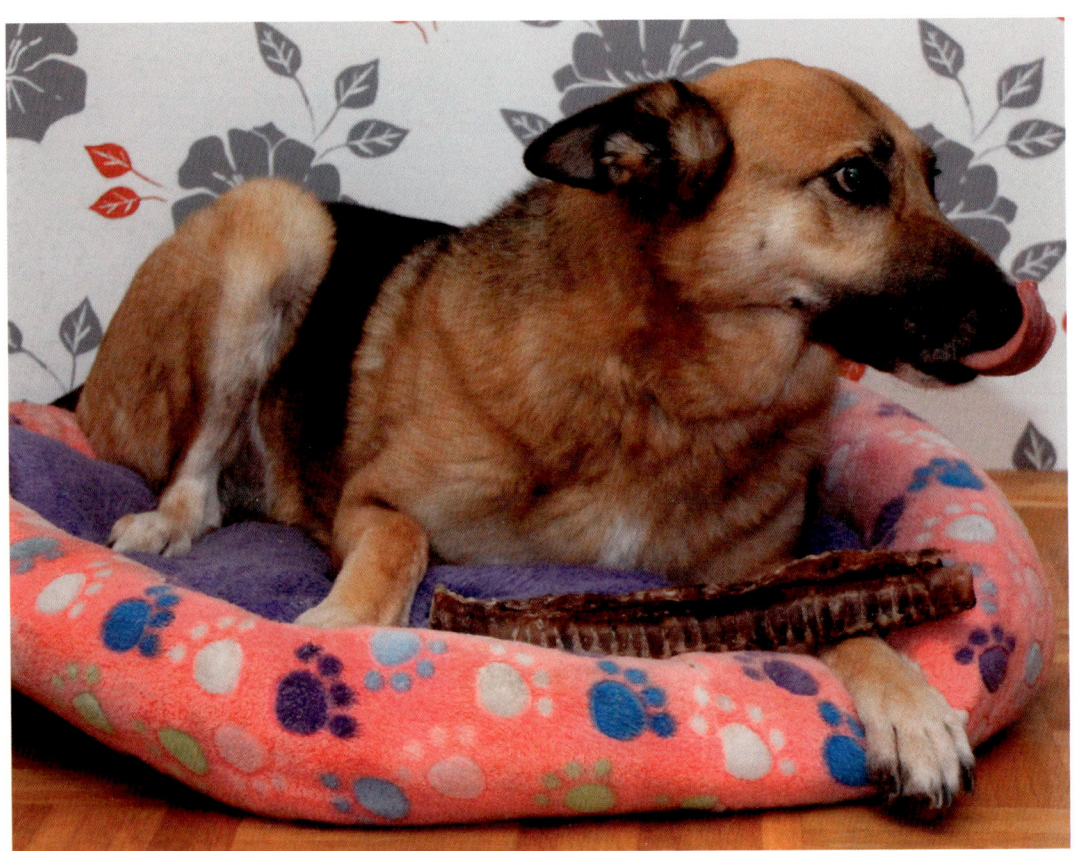

Signale von Stress und Unsicherheit müssen unbedingt wahrgenommen werden! Der unsichere Hund empfindet gegebenenfalls Situationen als bedrohlich, die wir als völlig unproblematisch ansehen würden!

Stresssignale

Hunde können Stress auf vielfältige Weise signalisieren. Wer mit Hunden umgeht, muss sich so intensiv mit ihrer Form der Kommunikation beschäftigen, dass er in der Lage ist, solche Stresssignale rechtzeitig wahrzunehmen und im Alltag zu berücksichtigen. Zeichen von Stress können, je nach Hundetyp, auch nur sehr dezent gezeigt werden!

Diese Zeichen können auch in der Kommunikation mit dem Menschen akuten Stress signalisieren:

- Der Blick wird abgewendet

- Der Hund macht sich klein, duckt sich, legt sich vielleicht zur Seite oder auf den Rücken

- Die Bewegungen werden gegebenenfalls »eingefroren«

- Er züngelt, leckt sich das Maul

- Er hechelt ohne körperliche Anstrengung, zittert oder speichelt

- Er versucht sich der Situation zu entziehen, flieht, hält Abstand, versteckt sich

Der Hund zeigt Drohsignale, z.B.
- Starr werden
- Blickfixieren
- Knurren
- Lefzen heben
- Zähne zeigen
- In die Luft schnappen
- Abwehrschnappen

Auch diese Zeichen können auf Stress hindeuten:
- Unruhe, Nervosität
- Passivität
- Zerstören von Gegenständen
- sich schütteln
- Schweißausbruch
- tropfende Nase
- übertriebene Lautäußerungen
- Absetzen von Kot oder Urin
- aufgerissene Pupillen, Augenflackern
- Fixieren von Lebewesen oder Gegenständen
- Ausschachten des Penis,
- Plötzliche Schuppenbildung

Anhaltender Stress kann viele Störungen und Erkrankungen zur Folge haben z.B.
- Störungen des Verdauungsapparates und des Fressverhaltens
- Herz-/Kreislauferkrankungen
- schlechte Konzentrationsfähigkeit
- Haut- und Fellprobleme
- Veränderungen im Sexualverhalten

Kind und Hund auf Tour

Der lebhafte Jack Russell Terrier wurde nur für die Kinder angeschafft, weil er doch so niedlich und handlich ist. Folglich müssen diese nun auch mit ihrem Tier spazieren gehen, denn das war ja vorher so abgemacht. Je älter und selbstbewusster unser kleiner Freund wird, desto mehr glaubt er, bei diesen Spaziergängen die großen Kollegen »von der Seite anmachen« zu können.

Auch wenn Kind und Hund prima miteinander zurecht kommen, können die beiden unterwegs unliebsame Begegnungen haben.

Irgendwann ist es dann soweit: Ein anderer Hund lässt sich die Frechheiten nicht bieten und nimmt die Kampfaufforderung an. Nichts liegt nun unserem Terrier ferner als nachzugeben! Die schönste Beißerei ist im Gange und die armen Kinder stehen hilflos und verängstigt daneben. Hoffentlich ist ihre Angst in dem Moment groß genug, um sie vom Eingreifen abzuhalten! Versuchen sie nämlich, ihrem kleinen Freund zu helfen, sind sie im Zweifel die einzigen, die bei der Rauferei ernste Verletzungen davontragen. Auch wenn sie nicht eingreifen und vielleicht zusehen müssen, wie die Hunde sich eventuell schlimme Verletzungen beibringen, der kleine Hund schlimmstenfalls sogar getötet wird, ist die Kinderseele ziemlich gebeutelt. Solche Situationen sind keine Schwarzmalerei, sie geschehen, und nicht zu selten!

Erklären Sie Ihrem Kind sehr eindringlich, dass Raufereien unter Hunden meist viel schlimmer aussehen, als sie sind (siehe Körpersprache!) und dass ein Kind auf gar keinen Fall eingreifen darf, da es sich damit in unkalkulierbare Gefahr begibt! Kommt es tatsächlich zu einer ernsthaften Auseinandersetzung zwischen Hunden, ist es sinnvoll, dass beide Hundebesitzer sich in entgegengesetzte Richtungen schnell vom Ort des Geschehens entfernen und ihre Hunde aus der Distanz rufen. Steht der Mensch nicht mehr daneben, fühlt sich der Hund schwächer und wird den Kampf eher beenden, um seinem Menschen zu folgen.

Es ist nicht allein ausschlaggebend, ob ein Kind einem Hund körperlich gewachsen ist, um mit ihm spazieren zu gehen. Viele kleine Vertreter ihrer Art sind, auch wenn ein Achtjähriger sie locker festhalten kann, alles andere als ungefährlich bei einem Spaziergang! Selbst wenn Sie einen Hund Ihr eigen nennen, der sich grundsätzlich allen Artgenossen und Menschen gegenüber friedlich und freundlich verhält, der wohlerzogen auch die Anweisungen

Mögen die beiden noch so gute Kumpels sein – der Spaziergang zu zweit muss noch lange auf sich warten lassen!

Ihrer Kinder befolgt - können Sie abschätzen, wer Kind und Hund unterwegs begegnet, in welche Situationen sie geraten?

Nicht nur der Gesetzgeber macht diesbezüglich Einschränkungen. Werden Hunde von Kindern unter 14 Jahren ausgeführt, wird im Ernstfall sehr genau recherchiert, ob hier die Aufsichtspflicht verletzt wurde. Hunde, die in dem Bundesland, in dem sie leben, als gefährlich eingestuft sind, dürfen grundsätzlich nicht von Personen unter 18 Jahren geführt werden. Auch die Versicherungen zahlen gegebenenfalls nicht, wenn durch einen Hund, der von einem Kind ausgeführt wurde, Schaden entsteht. Grundsätzlich werden bei Zwischenfällen immer die Eltern zu Verantwortung gezogen.

Ich erlebe in meinen Kinderkursen viele Kinder, die hervorragend mit ihren Hunden zurechtkommen, manchmal besser als die Erwachsenen. Kinder, die das Wissen um den Hund wahrlich in sich aufsaugen und es auch sehr bewusst umzusetzen vermögen. Ob sie aber in ihrem heimischen Umfeld mit dem Hund allein spazieren gehen können, wird immer eine individuelle Entscheidung sein müssen.

Ich bin nicht der Meinung, dass Kinder grundsätzlich nicht mit Hunden spazieren gehen können. Es gibt Teams, die einfach genial sind. Die Fähigkeit dazu ist auch nicht nur am Alter festzumachen. Manch 11-jähriger hat mehr Überblick als andere mit 15. Fakt ist jedoch, dass die meisten Kind-Hund-Teams, die um den Block geschickt werden, mit der Sache völlig überfordert sind! Hat das Kind oder der Jugendliche noch nicht die nötige Reife für diese Aufgabe, fehlt ihm das Wissen um den Hund, ist der Hund nicht in hohem Maße zuverlässig, so sind bei unbeaufsichtigten Spaziergängen nicht nur die beiden in Gefahr, sondern auch das Umfeld! Ein Kind, das nicht alleine mit dem Hund spazieren gehen darf, erleidet dadurch sicher weniger Schaden als eines, dessen Hund unterwegs überfahren oder durch andere Hunde verletzt wird, weil das Kind die Situation noch nicht überschauen und angemessen handeln kann!

Grundvoraussetzungen für den Spaziergang von älteren Kindern mit dem Familienhund

→ Der Hund ist allen Menschen und Tieren gegenüber freundlich.

→ Er ist sicher in allen Umweltsituationen.

→ Er ist sehr gut erzogen und hört auch zuverlässig auf das Kind.

→ Das Kind ist körperlich in der Lage, den Hund zu halten.

→ Es ist sehr gut informiert über das Verhalten von Hunden und kann in Gefahrensituationen richtig reagieren.

→ Es ist zuverlässig und vernünftig genug, um sich an besprochene Regeln zu halten.

→ In Ihrer näheren Umgebung gibt es keine Hunde, von denen eine potenzielle Gefahr ausgeht.

Kann Ihr Kind den Hund in einer solchen Situation abrufen und heil nach Hause bringen?

Ein Partner, auf den man sich verlassen kann

Vergessen wir Lassie und die übernatürlichen Fähigkeiten und überlegen, wie wir ohne Bildschnitt das erreichen, was wir vom vierbeinigen Begleiter erwarten. Eine bewusste und artgerechte Erziehung kann den sorgsam ausgewählten Vierbeiner zum angenehmen und sicheren Mitglied unserer sozialen Gemeinschaft werden lassen.

Auch im Rudel wird erzogen!

Wenn wir einen Welpen bekommen, dann ist er 8–12 Wochen alt. Er wirkt auf uns klein, zerbrechlich, schutzbedürftig. Bis dahin hat er möglichst unter idealen Bedingungen gelebt, mit Mutter, Geschwistern und vielleicht sogar anderen Hunden. Er hatte hoffentlich sehr intensiven Kontakt mit jungen und alten Menschen, besonders mit Kindern verschiedenen Alters.

Wenn wir bedenken, dass in den ersten Lebenswochen besonders viele Verknüpfungen im Gehirn eines Hundes entstehen und dass wir es in dieser sensiblen Entwicklungsphase zum Teil mit prägungsähnlichem Lernen zu tun haben, wird noch einmal klar, wie elementar wichtig diese Entwicklungsphase ist. Wie ein Schwamm saugt ein Welpe in dieser Zeit alles auf, was die Umwelt ihm bietet. Gelegentlich hört man immer noch die Meinung, ein Hund solle im ersten Jahr nur sein Leben genießen und müsse noch nichts weiter lernen, noch nicht erzogen werden. Kann es Sinn machen, die Zeit in der ein Individuum am schnellsten und effektivsten lernen kann, einfach ungenutzt verstreichen zu lassen? Der Wolfswelpe im Rudel lernt in diesen ersten Wochen unendlich viel, hier wird der Grundstein gelegt für alles, was für sein Leben wichtig ist. Er lernt, wer zur sozialen Lebensgemeinschaft gehört, wer in dieser Gemeinschaft welchen Rang hat, welche Verhaltensweisen dazu führen, dass man vom Boss eins auf die Mütze bekommt, wie man ranghohe Rudelmitglieder freundlich stimmt, und vieles andere, was das soziale Leben ausmacht. Der junge Wolf trainiert seine körperlichen Fertigkeiten in Bezug auf die Jagd, übt das Anpirschen, Hetzen, Packen. Kurz gesagt, alles, was für sein Leben wichtig ist, lernt er jetzt! Was sollte bitte ein Wolfrudel mit einer Horde unerzogener Einjähriger anfangen?

Die Erziehung in einem wild lebenden Rudel bedeutet, dass das Verhalten des Einzelnen auf die Bedürfnisse der Gemeinschaft abgestimmt wird. Nichts anderes bedeutet die Erziehung eines Hundes in Bezug auf sein Menschenrudel. Erziehung eines Hundes hat nichts mit Gewalt und Willen brechen zu tun. Sie erfordert Wissen, Liebe zum Tier und Konsequenz.

Wichtig!

 Erziehungsmethoden, bei denen darauf verzichtet wird, klare und sinnvolle Grenzen zu setzen, sind biologisch ebenso unsinnig, wie Methoden, die auf unnötiger Strenge und Gewalt basieren! Erziehung hat den Sinn, ein Individuum in sein soziales Umfeld zu integrieren. Ziel einer sinnvollen Erziehung ist weder Anarchie noch Kadavergehorsam sondern die optimale Eingliederung in die soziale Gemeinschaft.

Wer erzieht?

Erziehung ist ein Prozess, der eng mit der Struktur einer sozialen Gemeinschaft verknüpft ist. Da es gerade in einer Familie mit Kindern von besonderer Bedeutung ist, dass ein Hund seinen Platz im Ranggefüge hat, ist es wichtig, dass die Erziehung jemand übernimmt, der das nötige Wissen, Einfühlungsvermögen und Durchsetzungsvermögen dem Vierbeiner gegenüber hat, der die Wichtigkeit dieser Aufgabe erkennt und der die nötige Zeit aufbringen kann. In der Regel wird das ein Erwachsener sein oder ein sehr zuverlässiges und konse-

Die erwachsene Hündin zeigt dem Junghund hier Grenzen auf, indem sie seine Bewegung begrenzt.

Anna ist schon einen Schritt weiter gekommen im Training mit dem Hund. Sie darf Übungen machen, während Mama nur noch in der Nähe steht.

quentes jugendliches Mitglied der Familie. Für Kinder unter 14 Jahren ist diese Aufgabe meist zu komplex, es gibt jedoch auch da Ausnahmen, die mit sehr viel Einfühlungsvermögen Sachwissen und Selbstdisziplin den eigenen Vierbeiner erziehen. Das dazu vernünftige Begleitung durch den Erwachsenen erforderlich ist, versteht sich von selbst.

Das jüngere Schulkind oder Kindergartenkind darf zuschauen bei der Erarbeitung von Übungen. Es wird ihm möglichst viel dabei erklärt und es darf mit Unterstützung der Eltern den Hund gelernte Dinge ausführen lassen. Die Vermittlung der nötigen Sicht- und Hörzeichen an den Hund erfordert soviel Koordination und Timing, dass ein jüngeres Kind damit schnell überfordert ist. Folge wären Frusterlebnisse für Kind und Hund. Da der Hund ohnehin ein jüngeres Kind nicht als höherrangig ansieht, könnten die erfolglosen Erziehungsversuche durch das Kind zu Missverständnissen zwischen beiden führen. Beide, Hund und Kind müssen lernen, dass man sich an gewisse Spielregeln halten muss. Sinnvoll kann es sein, dass die Übungen, die das Kind mit dem Hund macht, immer durch Rituale eingeleitet und auch abgeschlossen werden. So können in sich abgeschlossene Übungseinheiten entstehen, die immer mit einer gelungenen Übung enden und so für Hund und Kind jeweils zum Erfolgserlebnis werden.

Grundsätzliches zum Thema Erziehung

Da es nicht die Hauptaufgabe dieses Buches ist, im Detail über alle Feinheiten der Hundeerziehung zu unterrichten, werde ich mich auf die Vermittlung grundsätzlicher Regeln und die Erarbeitung der wichtigsten Hör- und Sichtzeichen beschränken. Auch wenn die Übungen hier auf den Welpen ausgerichtet sind, können Sie diese – individuell ein wenig angepasst – selbstverständlich auch mit dem erwachsenen Hund erarbeiten. Nicht nur der Welpe, auch der erwachsene Hund, der in ein »neues Rudel« kommt, kann und muss lernen, sich einzufügen. Achten Sie darauf, dass Sie nur einen Hund übernehmen, dessen bisheriges soziales Umfeld einzuschätzen ist und der in der Lage ist, eine enge Bindung zum Menschen aufzubauen! Die Bindung zum Menschen, die Bereitschaft mit ihm zusammenzuarbeiten, spielt eine entscheidende Rolle bei der Erziehung.

Vergessen Sie die Einstellung, dass der Hund »zu gehorchen hat«. Natürlich soll er tun was Sie sagen, ob er das jedoch tut, liegt zum größten Teil an Ihnen. Gelingt es Ihnen, ihm zu vermitteln, dass es positiv für ihn ist, das zu tun, was seine Menschen wollen, wird er gern und damit zuverlässig hören! Mit positiver Verstärkung erreichen Sie weit mehr als mit Strafe! Lob und Belohnung sollten an erster Stelle stehen. Versuchen Sie unerwünschte Handlungen bereits im Vorfeld zu verhindern und setzen Sie klare Grenzen, wenn es nötig ist! Der Hund, der zuverlässig gehorcht, kann alle Freiheit haben, die er braucht!

Überlegen Sie am besten, bevor der Hund ins Haus kommt, was er darf und was er nicht tun soll. Es ist leichter, Dinge von vorneherein zu verhindern, als einmal zugestandene Privilegien später abzubauen. Besprechen Sie mit allen Familienmitgliedern, wie der Umgang mit dem Hund aussehen soll, welche Regeln gelten. Erziehung besteht nicht nur im Beibringen von »Sitz« und »Platz«. Der Hund, ob klein oder groß, soll in den Alltag Ihrer Familie eingegliedert werden.

Planen Sie gemeinsam, wer welche Aufgaben übernehmen kann. Sicher werden Ihre Kinder in anfänglicher Euphorie am liebsten alles alleine machen wollen. Das ist aus bereits erörterten Gründen zum einen nicht zu empfehlen, zum anderen wird sich diese Dienstbeflissenheit spätestens dann geben, wenn zum 3. Mal das Spiel mit der Freundin abgesagt werden müsste wegen des Hundes oder das Pfadfinderwochenende vor der Tür steht. Wie gesagt, Kinder, auch größere, sind mit der Komplexität der Aufgabe schlicht überfordert und brauchen den Erwachsenen als kompetenten Partner.

Wichtige Regeln für das tägliche Training

→ Überfordern Sie den Hund nicht! Bauen Sie Ihre Übungen langsam auf, Schritt für Schritt. Erwarten Sie nichts, was der Hund noch nicht kann.

→ Geben Sie klare Hör- und Sichtzeichen, die gut voneinander zu unterscheiden sind! Der Hund versteht unsere Sprache nicht. Er kann einzelne Vokabeln lernen, Worte mit bestimmtem Tun verbinden lernen. Benutzen Sie des halb immer dieselben kurzen Worte, dieselben Handzeichen. »Sitz!« hört sich anders an, als »Jetzt setz dich doch mal schön hin!«

→ Sprechen Sie leise mit Ihrem Hund! Er hört um ein Wesentliches besser als wir Menschen! Was er noch nicht verstanden hat, wird er auch nicht verstehen, wenn Sie ihn anschreien - oder verstehen Sie die japanische Betriebsanleitung für den neuen Fotoapparat, weil man sie Ihnen entgegenbrüllt?

→ Sagen Sie die Hörzeichen nur einmal, der Hund würde sonst sehr schnell lernen, dass deren Ausführung erst beim 30. Mal gewünscht ist.

→ Nutzen Sie Ihre Stimme! Hohe Stimmlage signalisiert freundliche Grundstimmung, tiefe Stimmlage wirkt drohend, warnend. Rufen Sie beispielsweise mit hoher Stimme säuselnd heran, verbieten Sie mit tiefer Stimme.

→ Loben Sie! Jede richtige Handlung, jedes positive Verhalten wird gelobt (Stimme!). Damit Ihr Hund das Lob auch tatsächlich richtig einordnet, muss es unmittelbar in zeitlicher Einheit mit der Tat erfolgen! Sie haben bis zu zwei Sekunden Zeit, alles andere ist zu spät!

→ Belohnen Sie getrost mit Futter! Futter ist positiv und wichtig. Unser Hund soll doch verknüpfen, dass das Befolgen der Hör- und Sichtzeichen positiv ist! Keine Angst, er wird nicht sein Leben lang nur hören, wenn Sie Futter in der Hand haben, denn das werden Sie ganz langsam wieder abbauen. Es geht darum, dass er jetzt lernt, dass es für ihn von Vorteil ist, das zu tun, was der Mensch sagt. Belohnung durch Spiel ist eine gute Alternative!

→ Achten Sie auf Ihre Körpersprache! Signalisieren Sie Sicherheit, indem Sie aufrecht stehen, beugen Sie sich nicht über den Hund, wenn Sie ihn nicht bedrohen wollen, gehen Sie in die Hocke, um dem Welpen das Herankommen zu dem riesigen Menschen zu erleichtern.

→ Üben Sie immer nur in kurzen Zeiteinheiten, das ist effektiver als stundenlanges Training! Für den Welpen reichen mehrmals täglich zwei bis drei Minuten.

→ Wählen Sie Ort und Zeit des Trainings bewusst. Ihr Hund sollte fit und aufmerksam sein (beispielsweise kurz vor der Fütterungszeit). Der Ort sollte möglichst reizarm sein. Spielende Kinder im Hintergrund, die gerade die Belastbarkeit Ihrer Nerven testen, werden weder Ihnen noch dem Hund Konzentration und erfolgreiches Training ermöglichen.

→ Bereits verstandene Übungen werden mit zunehmendem Ablenkungsgrad in allen Alltagssituationen geübt.

→ Heben Sie jedes Kommando wieder auf, beispielsweise mit dem Wort »frei«. Der Hund darf sich nicht selbst aus der Übung entlassen! Sie wollen sich später darauf verlassen können, dass er genau dort liegen bleibt, wo Sie ihn hingelegt haben! Alles andere kann ihn im Ernstfall in Gefahr bringen. Zudem erfordert es der Alltag mit Kindern besonders, dass der Hund mal eine gewisse Zeit sicher abgelegt werden kann, wenn z.B. das Kind spontan Ihre Hilfe braucht.

→ Fordern Sie nur, was Sie auch durchsetzen können! Überlegen Sie also, ob Sie überhaupt eine Chance haben, dass Ihr Hörzeichen befolgt wird, bevor Sie es aussprechen. Mit jedem Kommando, das Ihr Hund ohne sofortige (!) Konsequenzen für ihn nicht befolgt, lernt er, dass dieses Wort eigentlich keine Bedeutung für ihn hat.

→ Beenden Sie das Training immer mit einer gelungenen Übung, einem Erfolgserlebnis für beide. Eine kleine Spieleinlage zum Schluss ist eine prima Belohnung und fördert Bindung und Vertrauen.

Der Welpe kommt in die Familie

Bis jetzt hat Ihr neuer Freund mit seinen Geschwistern und seiner Mutter in vertrauter Umgebung gelebt. Nun muss er sich plötzlich mit lauter neuen Gegebenheiten abfinden. Er kennt weder die Gerüche noch die Geräusche des neuen Umfeldes, die vertrauten Hunde und die wohl bekannten Menschen sind weg, alles ist furchtbar aufregend. Geben Sie ihm Zeit, sich in Ruhe mit seinem neuen Heim vertraut zu machen. Setzen Sie ihn, wenn Sie mit ihm ankommen in seinen Korb, legen Sie am besten eine Decke hinein, die den alten »Stallgeruch« hat, und lassen Sie ihn in Ruhe. Er darf, so wie es seinem Wesen und seinem Temperament entspricht, die Welt um sich herum erkunden. Verbieten Sie den Kindern, ihn zu bedrängen, auch wenn es noch so schwer fällt. Er braucht Zeit und Ruhe um sich einzuleben, das Neue zu entdecken. Ist er gut auf den Menschen sozialisiert, so wird er ohnehin sehr schnell das Bedürfnis haben, zu den Zweibeinern Kontakt aufzunehmen. Die Familie, sprich sein neues »Rudel«, reicht auch an Menschen für den ersten Tag! Die Spielkameraden der Kinder dürfen schön dosiert in den nächsten Tagen den Zuwachs begrüßen.

Wie ein kleines Kind benötigt auch der Welpe anfangs Ihre Nähe und Zuwendung.

Achten Sie bitte unbedingt darauf, alle Kinder im Auge zu haben. Ihr kleiner Hund befindet sich in einer hochsensiblen Phase. Alles Unangenehme, was ihm jetzt widerfährt, wird im Zweifel dauerhaft gespeichert. Gehen Sie bitte nicht davon aus, dass die Freunde Ihrer Kinder den Welpen so behandeln, wie es sein sollte. Selbst nicht böse gemeinte Gesten, unbedachtes Toben um das Hundekind herum, versehentliches Treten oder Ähnliches können das Vertrauen zum Menschen, insbesondere zu Kindern, sehr stark beeinflussen, und das wäre zu schade!

Vermitteln Sie ihm Geborgenheit. Lassen Sie ihn in der ersten Tagen nicht unnötig alleine, auch nachts nicht! Stellen Sie einen Karton neben Ihr Bett der groß genug ist, dass der kleine darin schlafen, aber nicht so leicht aus ihm entwischen kann. Ihre Nähe wird ihm Sicherheit geben. Zudem hören Sie, wenn er unruhig wird und können ihn hinausbringen, damit er sich löst. Der Welpe, der in der Wildnis vom Rudel verlassen ist, befindet sich in Todesgefahr. Wen wundert es also, wenn auch unser Hundewelpe schreit und jammert, weil man ihn allein lässt. Er will Sie nicht ärgern oder seinen Willen durchsetzen, er hat tatsächlich Angst und braucht anfangs die Nähe! Dass er alleine bleibt, üben wir erst, wenn er sich an die neue Situation gewöhnt hat.

Dieses Bedürfnis nach Nähe sollten Sie sich von Anfang an auch bei Ihren Spaziergängen zunutze machen! Hat der kleine Hund Angst alleine gelassen zu werden, wird er folglich von sich aus zusehen, dass er in Ihrer Nähe bleibt. An Orten, die keine Gefahr bieten, sollten Sie den Welpen von Anfang an ohne Leine laufen lassen. Gehen Sie souverän Ihren Weg, warten Sie nicht ständig auf ihn, und Sie werden se-

Geben Sie ihm die Nähe und Sicherheit, die er braucht, aber auch die Chance, Erfahrungen zu sammeln.

Nur der Welpe, der sich sicher fühlt, kann lernend seine Umgebung erkunden.

77

hen, der kleine wird ihnen folgen! Der kleine Hund hat beim Züchter hoffentlich schon viele positive Umwelterfahrungen machen können. Ermöglichen Sie ihm in den nächsten Wochen noch ganz viele Erfahrungen, wohl dosiert versteht sich! Bringen Sie ihm alles nahe, womit er später einmal konfrontiert werden könnte: Müllautos, Brücken, Unterführungen, Eisenbahn, Pferde, Kühe, ... Nehmen Sie ihn überall hin mit. Solange er noch klein ist, packen Sie ihn schlicht in ein Tragetuch und lassen ihn immer nur ein paar Minuten laufen, damit er körperlich nicht überfordert wird. So kann er aus sicherer Position die Welt entdecken.

Zeigt er vor irgendetwas Angst, so signalisieren Sie durch Ihre sichere Ausstrahlung, dass alles o.k. ist! Bedauern Sie ihn, gehen Sie weg von dem vermeintlich bedrohlichen Punkt, um den Hund nicht weiter zu belasten, signalisieren Sie, dass es hier wirklich etwas gibt, wovor man sich fürchten muss. Also geben Sie ihm Nähe und suggerieren Sie: Da, wo ich bin, kann dir nichts passieren!

Wohl dosiert lernt er verschiedene Umweltsituationen kennen. Er muss die Erfahrung machen, dass normale Alltagssituationen für ihn nicht bedrohlich sind.

Setzen Sie Grenzen, von Anfang an! Es gibt Dinge, die auch der niedlichste Welpe nicht darf: Teppiche oder Möbel anfressen, vom Tisch Essen klauen, Babys Teddy zerfetzen, Blumentöpfe umgraben usw. Sowie er beginnt, solch unerwünschtes Verhalten zu zeigen, hört er ein klares »Nein!«. Das Verbotswort wird weder gesäuselt noch aufgeregt entgegen gekreischt, das eine würde Einverständnis, das andere begeistertes Mitmachen signalisieren. Ihre Stimme ist ruhig und möglichst tief (Sie knurren), ihre Haltung ist souverän. Achten sie aber darauf, das Hundekind nicht unnötig

einzuschüchtern. Notfalls wird der Welpe aus der Situation herausgenommen und Sie bieten ihm eine bessere Beschäftigungsmöglichkeit an, z. B. sein Spielzeug.

Kinder jagen, ihnen in die Fersen beißen oder an den Kleidungsstücken ziehen, ist auch für den kleinen Welpen absolut verboten! Ist das Kind schon größer, kann es sich eventuell bereits selbst wehren. Ermuntern Sie es, schnell zu reagieren. Dem Verbotswort »Nein!« folgt, wenn der Welpe das noch nicht versteht oder nicht ernst nimmt, ein fester Griff ins Fell (sozusagen ein Drohbeißen) oder ein Griff von oben über die Schnauze. Findet er das immer noch lustig, muss die Situation definitiv vom Erwachsenen beendet werden. Notfalls werden beide räumlich getrennt und der übermütige kleine Hund geht für einen Augenblick in den Garten um aus der überdrehten Stimmungslage heraus zu kommen.

Ist Ihr Kind zu klein oder zu unsicher, um den Welpen selbst in die Schranken zu weisen bei solch übermütigen Spielversuchen, müssen Sie grundsätzlich einschreiten, und zwar sofort und nicht erst, wenn Sie mit dem Kochen fertig sind! Sie sind ranghöchstes Rudelmitglied, Ihre Kinder (= Ihre Welpen) stehen unter Ihrem persönlichen Schutz. Sie haben das Recht, sie zu verteidigen, ebenso, wie die Hündin ihre Welpen vor Gefahr und Übergriffen beschützt! Tun Sie es nicht, zeigen Sie Schwäche! Eine Hündin ist im Zweifel sehr energisch und kompromisslos, wenn es um ihre Welpen geht.

Machen Sie den Kindern aber auch klar, dass auch der kleine Hund Rechte hat. Er darf in Ruhe fressen, ohne dass jemand an seinem Napf herumspielt, er muss ganz viel schlafen, er ist kein Spielzeugtier, was man ständig mit sich herumschleppt, er ist ein Individuum mit eigenen Bedürfnissen, und ein Kind kann lernen, dies zu akzeptieren. Ermuntern Sie die Kinder, den Hund zu beobachten, Ihnen mitzuteilen, was ihnen auffällt, ob er müde ist, sich erschreckt hat, spielen möchte oder vielleicht dringend mal nach draußen muss. Das Beobachten und Einordnen verschiedener Verhaltensweisen hilft den Kindern, den Hund besser zu verstehen.

Gemeinsame Ruhephase mit den Sozialpartnern. Auch wenn gemeinsames Kuscheln schön ist – stellen Sie sicher, dass der kleine Hund ungestört und ausreichend schlafen kann!

Ebenso wie den Kontakt zu Menschen braucht der Welpe, aber auch der erwachsene Hund, die Möglichkeit zu Spiel und Kommunikation mit anderen Hunden. Suchen Sie sich eine gute Hundeschule, in der nicht nur die Arbeit mit dem Hund, sondern auch das soziale Lernen im Freilauf angeboten werden. Denken Sie an die wichtigen ersten Wochen!

Stubenreinheit

Jeder Hund ist bestrebt, seinen engsten Heimbezirk sauber zu halten, er hat also von sich aus das Bedürfnis, die Wohnung nicht zu verschmutzen, wenn er sie denn als Heimbezirk akzeptiert hat. Wie ein kleines Kind muss auch der Welpe noch sehr oft sein Geschäft verrichten und verspürt dieses Bedürfnis sehr spontan. Beobachten Sie ihn genau, um ihn sofort hinauszutragen, sobald er unruhig wird, beginnt mit der Nase auf dem Boden zu suchen oder sich im Kreis zu drehen. Dies ist eine gute Aufgabe für Kinder. Verrichtet er dann draußen sein Geschäft, freuen Sie sich, als hätte er Ihnen einen persönlichen Gefallen getan!

Löst er sich in der Wohnung, putzen Sie es kommentarlos weg und bestrafen ihn nicht dafür! Er würde sich wahrscheinlich für die Tat selbst bestraft fühlen, es aber nicht mit dem falschen Ort in Verbindung bringen. Schlimmstenfalls würde er versuchen, Harn und Kot zu verhalten, um nicht bestraft zu werden. Es war schlicht Ihr Fehler, Sie haben nicht aufgepasst!

Das Spiel mit anderen Hunden ist weder durch den Menschen zu ersetzen, noch beeinträchtigt es die Bindung zwischen Mensch und Hund! Welpen unterschiedlicher Rassen und Größen müssen den Umgang miteinander üben, am besten unter der Aufsicht eines erfahrenen Trainers in einer gut geführten Welpengruppe.

Das Herankommen

Es gibt vieles, was ein Hund lernen kann, und es ist sicher gut für ihn, wenn er viel lernen darf, also geistig gefordert wird. Einige Grundkommandos sind jedoch für das Zusammenleben im Alltag unverzichtbar. Der Hund, der zuverlässig kommt, kann alle Freiheit der Welt haben! Verbindet er etwas Positives mit dem Kommen, wird er es gern und zuverlässig tun! Zunächst rufen Sie den Hund immer in dem Moment, wenn er ohnehin Ihre Richtung anpeilt. Gehen Sie spontan in die Hocke, schmettern Sie ein freudiges »Bello, Hiiiier!« und zeigen Sie Begeisterung, wenn Ihr Vierbeiner tatsächlich zu Ihnen kommt!

Rufen Sie häufig in Situationen ohne viel Ablenkung. Am besten, Sie haben das Futterbröckchen schon in der Hand, wenn Sie rufen, um es dem Hund in dem Moment zu geben, in dem er Sie erreicht. Gelobt wird anfangs bereits, wenn er auf Sie zuläuft. Kommt er nicht, laufen Sie ihm keinesfalls hinterher! Dieses wunderschöne Spiel hätten Sie sonst für die nächsten 15 Jahre gepachtet! Klatschen Sie in die Hände, jubeln Sie, quietschen Sie, machen Sie sich, wie auch immer, interessant und laufen Sie dem

Sowie der Welpe Sie erreicht, wird er belohnt.

Welpen davon! Kommt er, wird überschwänglich gelobt! Machen Sie sich keine Gedanken über die Nachbarn! Der Erfolg in der Erziehung Ihres Vierbeiners wird Sie rehabilitieren!

Leinenführigkeit

Um dem jungen Hund das Tragen von Halsband und Leine angenehm erscheinen zu lassen, werden diese Dinge zunächst auch nur in angenehmen Situationen angelegt, z.B. zum Füttern oder zum Spielen. Akzeptiert er es, nehmen Sie die Leine locker in die Hand, in die andere Hand ein Leckerchen und locken den Hund

Wichtig!

→ Ihre Kinder üben das Herankommen nur mit ausdrücklicher Erlaubnis, jüngere unter Aufsicht, denn nach dem 150. Hier-Ruf aus drei verschiedenen Richtungen, wird auch der kooperativste Welpe gelernt haben, dass dieses Wort keine besondere Bedeutung hat!

spielerisch mit sich mit. Loben nicht vergessen! Sinnvoll für die Belastung der Wirbelsäule Ihres Hundes wäre es, dass er abwechselnd auf beiden Seiten geführt wird, wobei jede Seite ein eigenes Kommando hat. Haben Sie vor, Prüfungen mit ihm zu machen, wird meist das Folgen an der linken Seite mit dem Hör-

Das Laufen an lockerer Leine ist unser Ziel. Wir versuchen deshalb bewusst, immer wieder selbst darauf zu achten, dass wir nicht unnötig an der Leine ziehen und den Welpen zu motivieren, interessiert an lockerer Leine neben uns zu laufen.

zeichen »Fuß!« gefordert sein. Nehmen Sie also am besten die Leine in die rechte Hand, halten in der linken, genau dort, wo Ihr Hund neben Ihnen gehen soll, das Bröckchen und locken ihn so neben sich her. In dem Moment, wo er versehentlich korrekt neben ihnen läuft, hört er das Hörzeichen »Fuß!«. So lernt er, die korrekte Handlung mit dem richtigen Wort zu verbinden. Loben und belohnen Sie ihn immer wieder!

Klappt das einigermaßen, beginnen Sie, das Bröckchen langsam hochzuziehen, bis Sie es irgendwann vor der Brust halten und der Hund zu Ihnen (oder zum Futterbröckchen) hochschaut. Sprechen Sie sehr freundlich mit ihm, halten Sie zunächst ständig Kontakt mit dem Welpen über Ihre Stimme. So treten andere Reize in den Hintergrund und er wird sich eher auf Sie konzentrieren.

Lassen Sie sich von Anfang an nicht auf die dauerhaft gespannte Leine ein! Halten Sie von sich aus die Leine betont locker, bleiben Sie möglichst stehen oder ändern Sie die Richtung, wenn der Welpe vorwärts zieht, damit Ziehen keinen Erfolg hat. Loben Sie dagegen, wenn er sich wieder zu Ihnen hin orientiert.

Klappt das Ganze mit Leine, versuchen Sie es ohne. Konzentrieren Sie den vierbeinigen Freund auf die Futterbelohnung, halten Sie ihn mit lobender Stimme in der Aufmerksamkeit und vergessen Sie nicht, zwischendurch zu belohnen. Nicht zu ehrgeizig sein! Denken Sie daran, dass ein junger Hund sich nur wenige Minuten konzentrieren kann!

»Sitz!«

Unsere Körpersprache ist noch wichtiger als unsere Worte. Deshalb verbinden wir jedes Hörzeichen auch mit einem Sichtzeichen. Das Sichtzeichen für »Sitz!« ist der erhobene Zeigefinger. Achten Sie immer darauf, dass Sie Ihre Sichtzeichen so geben, dass der Hund sie auch sehen kann, nicht vielleicht hinter seinem Kopf!

Ihr Hund steht vor Ihnen und schaut Sie an. Arbeiten Sie mit einem kleinen Hund, dann gehen Sie in die Knie, um sich nicht bedrohlich über den Hund zu beugen, und halten ein Leckerchen über seinen Kopf. Neugierig geht die Hundenase nach oben, der Hintern nach unten - und schon sitzt der kleine Hund. Genau in diesem Augenblick folgt das Hörzeichen »Sitz!«. Das richtige Timing ist wichtig, damit der Hund das Wort mit dem Sitzen und nicht vielleicht schon wieder mit dem Aufstehen verbindet. Halten Sie das Bröckchen mit Daumen und Mittelfinger und strecken dabei den Zeigefinger in die Luft, haben Sie das Ganze auch schon mit dem richtigen Handzeichen verbunden. In dem Moment, wo er sitzt, bekommt er die Futterbelohnung.

Der junge Hund wird zunächst nur sehr kurz freiwillig ruhig sitzen. Entlassen Sie ihn deshalb sehr schnell mit dem Wort »Frei!« oder Ähnlichem aus der Übung. Steigern Sie ganz langsam die Zeit, die er sitzen bleiben muss. Korrigieren Sie durch erneutes Hinsetzen, wenn er vorzeitig aufsteht. Überfordern Sie den Hund nicht! Dehnen Sie die Übung nicht länger aus als Aussicht auf Erfolg besteht!

»Platz!«

Diese Übung ist eine der Wichtigsten! Gelingt es Ihnen später, Ihren Hund in einer Stress- oder Gefahrensituation, beispielsweise wenn er einem Kaninchen hinterherläuft, wenn er auf eine Straße zurennt oder wenn plötzlich Fahrradfahrer oder Jogger auftauchen, ins Platz zu rufen, kann weder dem Hund noch den beteiligten Menschen etwas passieren. Das Ablegen hat gegenüber dem Absetzen den Vorteil, dass der Kopf des Hundes tiefer am Boden ist, er also seine Umgebung nicht mehr so gut beobachten kann und damit vielleicht den Reiz, der ihn zum Loslaufen bewegte, aus den Augen verliert. Es ist häufig leichter, einen Hund, der tatsächlich jagdliche Ambitionen hat, ins gut (!) geübte »Platz!« zu rufen, als ihn sozusagen in seinem Vorhaben umzuleiten und mit anderer Absicht in eine andere Richtung, sprich zu seinem Menschen laufen zu lassen.

Das Handzeichen hierfür ist die flache Hand, die mit der Innenseite zum Boden zeigt. Klemmen Sie am besten das Bröckchen mit dem Daumen unter die Handfläche und halten Sie die Hand in korrekter Haltung vor den Hund, der vor oder neben Ihnen sitzt. Gehen Sie langsam mit der Hand vor der Hundenase zum Boden. In dem Bestreben, das Leckerchen in der Hand zu erreichen, wird der Hund sich auch zum Boden bewegen und irgendwann hinlegen. In diesem Moment kommt Ihr Kommando »Platz!« und er erhält das Leckerchen. Sobald Sie den Eindruck haben, dass der Hund es begriffen hat, versuchen Sie es nur noch mit Sicht- und Hörzeichen. Bis ein Hund sich zuverlässig auf Befehl hinlegt, ist viel Übung erforderlich!

Eine andere einfache Methode, die Hör- und Sichtzeichen für »Platz!« zu erarbeiten, ist folgende: Sie knien ein Bein auf den Boden und strecken das andere Bein vorwärts aus. Dabei entsteht ein Durchgang, dessen Höhe Sie so niedrig halten, dass Ihr Hund unter dem ausgestreckten Bein nicht aufrecht durchgehen kann, sondern durchkriechen muss. Motivieren Sie nun den Hund mit Hilfe eines Leckerchens, unter Ihr ausgestrecktes Bein zu krabbeln. In dem Augenblick, wo er liegt, kommt Ihr Hörzeichen »Platz!«. Er bekommt das Leckerchen, wird gelobt und darf aufstehen.

»Nehme ich ihn mit oder bewache ich ihn hier?«

Erstes Apportieren

In Haushalten mit Kindern liegen meist interessante Dinge herum, die auch der Hund gelegentlich toll findet. Er schleppt sie mit, ein Mensch entdeckt das, stürzt auf den Hund zu, schimpft, nimmt die schöne Beute weg. Was lernt der Hund? Man muss seine Beute schnell vor dem Menschen in Sicherheit bringen!

Das ist schlecht, denn zum einen könnte unser Freund auch mal etwas Gefährliches finden und mitnehmen, gegebenenfalls ganz schnell in sich hineinschlingen, damit der Mensch es nicht wegnimmt, zum anderen könnte er sich schwer tun beim Apportieren, und das ist eine schöne Beschäftigung, die vielen Hunden und auch vielen Kindern Spaß macht!

Wir müssen also taktisch klüger vorgehen, wollen wir alles bekommen, was unser Hund mit sich trägt! Rufen wir doch ganz einfach den Teddydieb voller Begeisterung heran, jubeln, freuen uns und geben ihm eine Ersatzbeute,

Häufig sind ältere Schulkinder deutlich konsequenter in ihren Trainingseinheiten mit dem Hund. Voraussetzung ist natürlich, dass sie gut angeleitet werden.

Manches Spielzeug ist für den Hund ebenso attraktiv wie für das Kind. Versucht ein aufgebrachtes Kind dem Hund das Spielzeug wieder abzunehmen, kann eine gefährliche Situation entstehen. Die Problematik muss mit dem Kind besprochen und mit beiden geübt werden!

wenn er wirklich den verbotenen Gegenstand heranbringt. Ob wir in solchen Situationen dafür ein Bröckchen oder ein anderes Spielzeug einsetzen, ist egal. Wichtig ist, dass Abgeben positiv ist!

Dieses Abgeben von Beute kann man natürlich gezielt üben. Wir setzen uns mit dem Hund in einem kleinen Raum auf den Boden und begeistern ihn für das Spiel mit einer Beute. Überlegen Sie, wie sich eine lebende Beute verhält: Sie springt hin und her, macht plötzliche Bewe-

gungen, versteckt sich, piepst oder quietscht. Geben Sie sich also Mühe, Ihre Beute interessant zu machen! Will er sie haben, werfen wir das Spielzeug ein Stückchen weg und motivieren den Hund durch spielerisch freundliche Ansprache, den Gegenstand zurückzubringen. Da wir ja in einem sehr kleinen Raum üben, ist die Ausweichmöglichkeit gering. Durch gezieltes Zugreifen erobern wir das Spielzeug zurück, um es im gleichen Moment auch schon wieder fortzuwerfen. Der Hund verknüpft nach kurzem Üben: Abgeben bedeutet, das Spiel geht weiter! Kämpfen und zerren Sie nicht um den Gegenstand! Zum einen haben Sie einen solchen Kampf als ranghöheres Rudelmitglied nicht nötig, zum zweiten gibt es Hunde, die sich dabei immer mehr in Kampfstimmung steigern. Gibt der Vierbeiner nicht freiwillig ab, greifen Sie über den Fang in die Lücke hinter den Fangzähnen. Er wird automatisch das Maul öffnen, sie sagen im gleichen Augenblick »Aus!«, nehmen das Spielzeug ab und spielen sofort weiter.

Klappt das, später auch in ablenkungsreicher Umgebung, gehen Sie einen Schritt weiter und fordern jetzt etwas mehr Gehorsam. Sie lassen den Hund sitzen, stellen sich vor ihn mit Handzeichen »Sitz!« und werfen den Gegenstand nur ein kleines Stück hinter sich, haben den Hund dabei aber gut im Auge. Erst wenn die Beute liegt, kommt das Kommando »Apport!« und er darf es holen, um es wieder abzugeben. Bleibt er ruhig sitzen, wird er neben Sie bei Fuß gesetzt und die Beute wird vorwärts weggeworfen. Langsam steigern! Machen Sie diese Gehorsamsübung anfangs nicht zu oft, damit er nicht den Spaß am Apportieren verliert. Hat es einige Male geklappt, darf er wieder ein paar

Korrektes Apportieren lastet den Hund aus und fördert die Bindung und den Gehorsam. Es ist eine sinnvolle Beschäftigung für das ältere Kind und den Hund.

Mal ohne zu sitzen spielerisch apportieren. Bald wird der Hund akzeptiert haben, dass das Sitzenbleiben zum Spiel gehört.

Dieser disziplinierte Umgang mit Beute, bei dem der Hund nur auf Kommando Dinge verfolgen und holen darf, fördert auch die Lenkbarkeit in Umweltsituationen, die zum Nachjagen reizen. Zudem ist es bei einem Hund, der eine hohe Bereitschaft zum Hetzen und Beutemachen zeigt, empfehlenswert, wenn Sie bei Spaziergängen immer eine Ersatzbeute,

ein Spielzeug, dabei haben und den Hund gelegentlich apportieren lassen. So wird er jagdliche Unternehmungen von Ihnen erwarten und sich weniger auf potenzielle Beute in der Umgebung konzentrieren. Auch in Momenten, in denen ein Ausbrechen zu erwarten ist, können Sie so immer Ihre Beute herauszaubern und den Vierbeiner wieder auf sich fixieren. Apportieren ist eine sehr abwechslungsreiche Möglichkeit, den Hund auszulasten und auch eine sinnvolle Beschäftigungsmöglichkeit für das ältere Schulkind und den Hund. Detaillierte Anleitungen dazu finden Sie in meinem Buch »Apportieren mit Spaß« oder in der DVD »Apport!«.

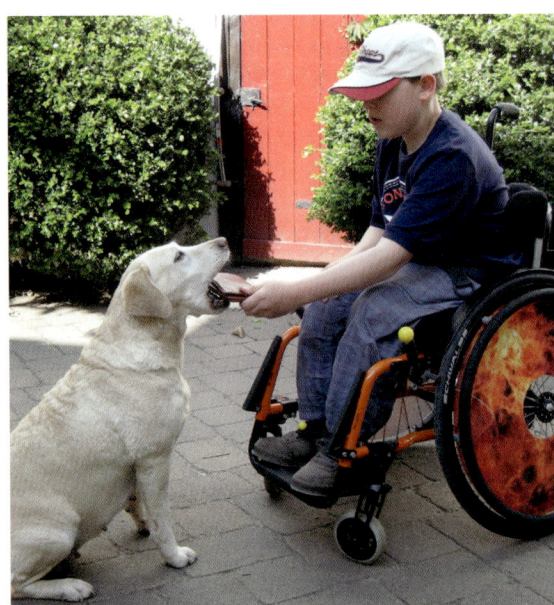

Auch Kinder, die in der Bewegung eingeschränkt sind, können Apportierarbeit machen und dabei wichtige Erfolgserlebnisse haben.

7 Spiel und Spaß

Wenn Kinder und Hunde, insbesondere junge Hunde, eine gemeinsame Leidenschaft haben, dann ist es das Spiel! Sie spielen nicht nur für ihr Leben gern, das Spiel ist auch für ihr Leben wichtig! Beide, Menschen und Hunde, üben im Spiel Verhaltensweisen aus allen Lebensbereichen, trainieren Geschicklichkeit, Konzentrations- und Koordinationsfähigkeit, Reaktionsvermögen oder schlicht die Motorik, erkunden ihre Umwelt mit allen Sinnen. Das gemeinsame Spiel fördert gegenseitiges Verstehen und die Bindung.

Spiel ist wichtig!

Manche Hunde spielen nur in ihrer Jugendphase gern, andere sind fast das ganze Leben lang immer zu einem munteren Spiel aufgelegt. Sicher eignet sich der eher spielfreudige Vierbeiner besonders für eine Familie mit Kindern. Beobachtet man Hunde untereinander beim Spiel, findet man Ausdrucksformen aus allen Bereichen des Lebens, meist wild miteinander vermischt. Sie hetzen und fangen sich gegenseitig, wenden Schnauzgriffe an, stellen sich spielerisch drohend über den Spielpartner, unterwerfen sich, zeigen Elemente aus dem Werbe- und Paarungsverhalten und dies alles in übertriebener Form. Wer sich ein wenig mit den Ausdrucksformen des Hundes beschäftigt hat, wird in dem wilden Treiben gerade durch diese Übertreibung in allen Handlungen, in übermütigem Springen, Knurren, Bellen, sehr schnell das Spiel erkennen, in dem sich Ausgelassenheit und Lebensfreude widerspiegeln.

Viele Menschen verbieten ihren Hunden, mit anderen Hunden zu spielen, weil sie diese Verhaltensformen nicht einordnen können und deshalb Angst um ihren vierbeinigen Freund haben. Das ist nicht nur eine Katastrophe für den Hund, weil er dadurch, wie Frau Dr. Feddersen-Petersen es ausdrückt, zum sozialen Krüppel wird, es ist auch schade für diese Menschen, dass sie sich nicht an dem wunderschönen Anblick spielender Hunde, an der Lebensfreude, die ihre Weggefährten dabei haben, erfreuen können! Natürlich kann es gelegentlich passieren, dass in das wilde Spiel auch mal ein ernster Ton hineinkommt und dass es eine kleine Auseinandersetzung gibt.

Aber genau um diese Auseinandersetzung nach allen Regeln der hundlichen Kommunikation austragen zu können, braucht unser vierbeiniger Freund ja das Spiel als Training. Im Übrigen führt auch bei unseren Kindern nicht selten ausgelassenes Spiel zum Streit. Aber lassen wir sie deshalb nicht mehr spielen? Auch sie müssen Auseinandersetzung und Streitkultur trainieren, müssen lernen, Rechte anderer zu akzeptieren und gleichzeitig die eigenen in angemessener Form zu wahren.

Natürlich haben Menschen und Hunde unterschiedliche Formen des Spiels, was aber nicht

Damit das gemeinsame Spiel auch beiden Spaß machen kann, müssen Kind und Hund lernen, Regeln einzuhalten.

heißt, dass sich daraus nicht viel Gemeinsames ergeben kann. Es liegt auf der Hand, dass unseren Hunden die kognitiven Fähigkeiten fehlen, um fiktives Spiel der Kinder nachvollziehen zu können. Trotzdem können sie sie in ihre Traumwelt begleiten, indem sie einfach dabei sind, indem sie neben dem Puppenwagen mitlaufen, zwischen den Puppen sitzen, die gerade Schulunterricht haben, oder einfach nur daneben liegen, wenn aus Legosteinen Captain Kirks Weitraumszenario gebaut wird. Hunde haben Zeit, sie schauen nicht auf die Uhr, können, wie das Kind, einfach die Zeit verstreichen lassen. Allein durch ihre Anwesenheit strahlen sie Nähe und Geborgenheit aus. Sie stellen auch keine dummen Fragen, die verraten, dass

Moritz und »Leo« haben viele Ideen, um die Welt mit allen Sinnen zu entdecken!

sie wieder einmal nicht zugehört haben und ja eigentlich gar keine Lust haben, mit dem Kind zu spielen. Indem sie das Kind auch im Spiel begleiten, geben sie ihm das Gefühl wichtig zu sein und verstanden zu werden, auch in seinen Phantasien und Träumen.

Gerade im Spiel kann das Kind aber auch lernen, dass der Hund als eigenständiges Individuum mit eigenen Bedürfnissen anerkannt werden muss. Das Kind muss z.B. wissen und akzeptieren, dass der schlafende Hund immer tabu ist, auch wenn er gerade so schön ins Rollenspiel passen würde. Es muss einsehen, dass der Vierbeiner nach der anstrengenden Fahrradtour nicht mehr unbedingt zu wilden Apportierspielen aufgelegt ist. Es lernt dabei, sich selber zurückzunehmen und auch einmal die Bedürfnisse anderer in den Vordergrund zu stellen.

Nur der Hund, der sich freiwillig dem Kind anschließt, der sich ihm auch bereitwillig unterordnet, kann in das Spiel integriert werden! Ihn zu irgendetwas zu zwingen, könnte fatale Folgen haben! Beachten Sie bitte in diesem Zusammenhang auch noch einmal das Kapitel »Besuch von fremden Kindern«. Sicher haben ihre Kinder viel Phantasie um eigene Spiele mit dem Hund zu entwickeln. Die Anregungen, die folgen, können die gemeinsame Freizeit aber vielleicht noch ein wenig bereichern. Ältere Kinder können vieles sicher allein mit dem Hund erarbeiten. Beim jüngeren Kind ist es selbstverständlich der Erwachsene, der mit dem Hund trainiert und das Kind später anleitet, damit der Hund auch bei ihm Kunststückchen macht, Gegenstände apportiert usw.

Apportierspiele

Es ist wohl das beliebteste Spiel zwischen Mensch und Hund, dass der Mensch etwas fortwirft, was der Hund zurückbringt. Wie wir die Anfänge gezielten Apportieren üben können, damit es für alle Beteiligten als Spaß empfunden wird, wurde ja bereits geschildert. Mit dem Hund, der gerne Beute sucht und bringt, kann man eine Vielzahl von Beutespielen erarbeiten, die ihn geistig auslasten. Für die folgenden Apportiervorschläge ist es sinnvoll, dass der Vierbeiner die Lektion zum Thema Apportieren, die im Kapitel über Erziehung beschrieben ist, schon beherrscht.

Gegenstände suchen

Viele Hunde haben einen Gegenstand, den sie besonders gerne mit sich herumschleppen, und genau den nehmen wir am Anfang, damit die Motivation zu suchen möglichst hoch ist. Wir beginnen im Haus, da hier die Ablenkung geringer ist. Der Hund wird hingesetzt, das Spielzeug wird noch einmal interessant gemacht und im Nebenzimmer versteckt. Wir wählen zunächst ganz leichte Verstecke, damit Freund Hund schnell zum Erfolg kommt. Wir gehen zurück zum Hund und ermuntern ihn mit dem Wort »Such!«, nach dem Apportel

Welches Spielzeug mag sinnvoll sein? Entscheiden Sie sich für »Unkaputtbares«.

zu suchen. Findet er es, loben wir begeistert und belohnen dadurch, dass wir das Spiel fortsetzen. Findet er nicht, helfen wir ein wenig und loben dann trotzdem! Klappt es im Haus, verlagern wir das Ganze nach draußen, wo die Ablenkung größer ist. Langsam kann man die Anforderungen steigern, bis man schließlich mehrere Spielzeuge oder Dummies auf einer großen Wiese verteilt, die der Hund dann fein der Reihe nach bringt.

Gegenstände benennen

Man kann ziemlich Eindruck schinden bei den Spielkameraden, wenn der Vierbeiner in

Gesucht und gefunden: das Schaf.

der Lage ist, das Schaf vom Teddy oder den Schlüssel vom Gummiring zu unterscheiden. Es gibt Hunde, die sehr viele unterschiedliche Gegenstände auf Kommando holen können. Wie bei allen Übungen wird natürlich auch hier konsequent Schritt für Schritt vorgegangen. Überfordert man den Hund, haben alle Beteiligten Misserfolg und dann macht das Ganze keinen Spaß mehr! Also lassen wir unseren Freund zunächst nur einen Gegenstand holen, den wir entsprechend benennen, z. B. »Hol' den Teddy!«. Wir ersetzen den Gegenstand nach einigen Tagen durch einen anderen und fordern: »Hol' das Schaf!«. Im nächsten Schritt könnte man Teddy und Schaf weit auseinanderlegen und den Hund mit dem richtigen Kommando in die richtige Richtung schicken. Langsam wird die Distanz der Gegenstände verkürzt. Klappt es, kann ein weiteres Objekt hinzugenommen werden usw. Klappt es nicht, gehen wir immer wieder einen Schritt zurück, um das Gelernte zu festigen.

In verschiedene Richtungen schicken

Das ruhige Sitzenbleiben bis das Signal zum Apportieren kommt, ist hier Voraussetzung! Der Hund wird zunächst geradeaus von uns weggeschickt, um die Beute zu holen. Damit er auch wirklich geradeaus läuft, suchen wir uns eine Hilfslinie, beispielsweise eine Mauer, einen Zaun, den Wegrand. Wir legen einen Gegenstand auf dieser Linie ab, gehen mit dem Hund ein Stück weg, drehen uns um und lassen den Hund mit Blickrichtung auf die Beute neben uns sitzen. Nun stellen wir uns neben ihn, auch mit derselben Blickrichtung. Auch unsere

Körperhaltung ist auf das Ziel ausgerichtet. Der Arm, der dem Hund zugewandt ist, zeigt nun genau zum zu apportierenden Gegenstand, dem Apportel, aber so, dass der Hund dieses Sichtzeichen auch zur Kenntnis nehmen kann, also am Besten direkt neben seinem Kopf. Mit dem Hörzeichen »Voran, Apport!« schicken wir den Hund vorwärts.

Verfügt man über lange gerade Wege in der Umgebung, kann dieses Voranschicken eventuell bis auf mehrere hundert Meter ausgedehnt werden! Aber langsam! Das Wort »Voran!« wird nur benutzt, wenn auch wirklich vorwärts geradeaus gemeint ist! Macht der Weg eine Biegung, ist »Voran« geradeaus und nicht dem Wegverlauf nach um die Kurve!

Auch nach links und rechts kann sie ihren Hund schicken. Sie hat diese Übungen selbst erarbeitet.

Eine Steigerung wäre, in zwei Richtungen etwas auszulegen und den Vierbeiner dann nacheinander in beide Richtungen zu schicken, oder Gegenstände im Kreis um sich herum zu verteilen und ihn nacheinander alle Teile gezielt holen zu lassen.

Auch nach rechts und links kann der Hund geschickt werden. Wir denken uns eine Linie, auf die wir den Hund setzen. Anfangs legen wir nur ein Apportel wenige Meter entfernt seitlich von ihm hin. Wir stellen uns vor den Hund und schicken ihn mit ganz klarer Arm- und Körperbewegung in die Richtung, in der das Apportel liegt.

Klappt das, legen wir auf beide Seiten etwas und schicken mal nach rechts, mal nach links. Die Distanz zum Hund kann dabei auch erweitert werden.

Mit dem Hörzeichen »Voran!« schickt Franceska »Jandro« vorwärts, um das Spielzeug zu holen.

Hier spielt die Gefahr mit

Es gibt Spiele, die geeignet sind, und solche, die unbedingt vermieden werden sollten, weil sie Gefahren bergen. Denken wir noch einmal an das Jagdverhalten, so verbietet es sich von selbst, Rennspiele mit dem Hund zu machen. Der Hund, der das Kind fangen soll, kann das selbstverständlich nur mit den Zähnen tun. Selbst der gehemmte Biss kann blaue Flecken verursachen, die dem Vertrauensverhältnis nicht gerade dienlich sind. Der übermütig festhaltende Hund – und er kann ja, in Ermangelung von Händen, nun einmal nur mit den Zähnen festhalten – hat auch schnell mal eine Hose oder einen Pullover zerrissen. Selbst wenn die eigenen Kinder solches Spiel noch witzig finden sollten, Kinder, die zu Besuch da sind, finden das sicherlich nicht spaßig und ihre Mütter schon sowieso nicht! Ernste Gefahren, die so entstehen können, wurden bereits erläutert.

Spiele mit Beute jeglicher Art sind nur individuell einsetzbar. Sie werden vom Kind ausschließlich mit Hunden gespielt, die diesbezüglich nicht die geringste Aggressionsbereitschaft zeigen!

Immer wieder wird mir erzählt, dass die Kinder es lieben, Zerrspiele mit dem Hund zu machen. Dieses Kämpfen um Tücher, Stöcke oder Seile kann manchen Hund ziemlich aufheizen und schwer kontrollierbar werden lassen. Zudem werden die meisten Hunde dabei häufig feststellen können, dass das Kind die Beute oft verloren geben muss, also schwach und beherrschbar ist. Der Hund, der im Eifer des Gefechtes nachgreift um die Beute besser halten zu können, erwischt im Zweifel nicht Tuch oder Stock sondern die Finger des Kindes. So können sehr schmerzhafte Verletzungen entstehen!

Kinder liegen gerne auf dem Boden. Beim nicht gut auf den Menschen geprägten Hund haben wir hier zudem wieder die Gefahr, dass das Kind als potenzielle Beute angesehen wird, die dadurch dass sie auf dem Boden liegt, Schwäche zeigt. Diese Situation könnte also eventuell einen Angriff provozieren. Achten Sie darauf, dass sich Ihre Kinder beim Spiel mit dem Hund möglichst nicht in diese Position begeben.

Mir selbst ist es als ca. achtjähriges Kind passiert, dass unser Boxerrüde sich schlicht auf mich legte und konsequent knurrte, wenn ich versuchte aufzustehen. Erst als ich aufgab und ruhig liegen blieb, ließ er mich irgendwann gehen. Er hatte mir so einmal kurz und klar zu verstehen gegeben, wer hier was zu sagen hat. Es ist unbedingt erforderlich, dass Sie den Kindern genau erklären, warum manche Spiele nicht geeignet sind und ihnen eventuell andere Beschäftigungen mit dem Hund vorschlagen. Bloßes Verbieten reicht nicht, denn wir wollen doch, dass unsere Kinder den Hund auch verstehen und Spaß mit ihm haben können!

Gedanken zum Schluss

Erlauben Sie mir zum Schluss ein paar persönliche Gedanken: Hunde spielten in meinem Leben immer eine besondere Rolle! Es gibt so vieles, was ich direkt oder indirekt durch den Umgang mit ihnen lernen durfte.

Meine Kinder sind mittlerweile erwachsen und das erste Enkelkind bereichert unser Leben und das unserer Hunde. Alle sind sehr unterschiedliche Persönlichkeiten, haben jeder für sich ein ganz individuelles Verhältnis zum Hund. Als Kleinkind imitierten alle erst die Laute der Hunde, bevor sie sich um die Sprache der Menschen bemühten. Sie lagen bei den Hunden im Korb, saßen gemeinsam mit ihnen im Sandkasten, setzten sie in den Puppenwagen und probierten gelegentlich Hundefutter. Fühlten sie sich einsam, nahmen sie schlicht eine unserer Hündinnen mit in ihr Zimmer, denn die hatten immer Zeit und erwiderten gern jede Zuwendung. Alle genießen es auch heute, wenn Welpen kommen: Bangen und Freude bei den Geburten, die fast magische Faszination, die von den rasant wachsenden Hundebabys ausgeht.

Für meine Kinder war und ist der Umgang mit Hunden etwas völlig Normales und Selbstverständliches. Sie haben von klein auf gelernt, das Verhalten von Hunden zu beobachten, richtig einzuordnen und sicher mit ihnen umzugehen. Sie wissen, wo Probleme auftreten könnten und wie man diesen aus dem Wege geht. Ihre Beziehung zum Tier war so, wie ich sie mir auch für andere Kinder wünschen würde. Sie sahen und sehen die Hunde als das, was sie sind, nämlich Hunde, auch wenn es natürlich eine besondere emotionale Bindung zu ihnen

gibt. Sie haben sie immer als eigenständige Individuen mit individuellen Eigenschaften, Bedürfnissen und Fähigkeiten akzeptiert. Das Wissen um den Hund, die Akzeptanz seiner Persönlichkeit und die Liebe zu diesem Tier ermöglichen ihnen ein Miteinander, welches für alle Beteiligten positiv ist.

Auch unser Enkelkind Paul wächst selbstverständlich in dieses Miteinander hinein. Mit seinen 16 Monaten erforscht er die Welt mit ungebremster Energie. Sein Forscherdrang hat da Grenzen, wo die Rechte eines anderen Individuums beginnen oder wo Gefahr lauert. Diese Grenzen werden gesetzt, auch im Umgang mit unseren Tieren und auch den Tieren ihm gegenüber! Jeweils seinem Alter entsprechend wird er alles lernen, was im Umgang mit Hunden wichtig und richtig ist und so das Zusammenleben mit ihnen hoffentlich ebenso genießen können wie seine Mama. Vielleicht ist es mit diesem Buch gelungen, auch Ihnen und Ihren Kindern dieses unbekannte Wesen Hund ein wenig näher zu bringen, damit Sie es besser verstehen und die gemeinsame Zeit mit diesen Tieren ebenso genießen können, wie wir das tun.

Das Zusammenleben mit dem Hund gibt uns die Chance, auch etwas über uns selbst zu lernen. Schließlich hat der Mensch eine lange Zeit seiner eigenen Geschichte mit den Hunden gemeinsam verbracht und von deren Fähigkeiten profitiert. Anstatt zu versuchen, den kindersicheren Hund durch Gesetze herbeizuverordnen, sollten wir uns lieber bemühen, ihn zu verstehen und artgerecht mit ihm umzugehen, denn im Umgang mit Lebewesen gibt es keine Vollkaskoversicherung.

Autorenporträt

Menschen mit unterschiedlichen Handicaps beizustehen.

Hier erfahren Sie mehr über die Autorin: **www.hundeschule-meckenheim.de**

Manuela van Schewick, Jahrgang 1956, hat vier erwachsene Kinder und lebt in der Nähe von Bonn auf einem ehemaligen Aussiedlerhof. Als staatlich anerkannte Erzieherin bot sich ihr früh die Möglichkeit, verschiedene Tiere, insbesondere Hunde und Pferde, in die pädagogische Arbeit zu integrieren. Ihre »Hundeschule vom Tomberg« besteht seit 1996 und hat auf dem »Bergerhof« ein maßgeschneidertes Umfeld gefunden. Die Kommunikation zwischen Mensch und Hund steht hier im Vordergrund des Geschehens. Schwerpunkte liegen in der Arbeit mit Kind und Hund und in der Ausbildung von Hunden für den therapeutischen und pädagogischen Bereich. Auch die anderen Tiere des Hofes werden in die Arbeit mit einbezogen und ermöglichen viele respektvolle Begegnungen zwischen Mensch und Tier. Seit 1995 züchtet Manuela van Schewick Labrador Retriever. Die Aufgabe ihrer Hunde ist es,

DVD
Manuela van Schewick
Kind und Hund
Der Ratgeber für eine harmonische Beziehung
ISBN 978-3-613-30758-2
€ 24,90/CHF 34,90/€(A) 24,90

Buch
Manuela van Schewick
Kind und Hund
ISBN 978-3-930-83187-6
€ 14,90/CHF 19,90/€(A) 15,40
Dieses Buch richtet sich insbesondere an alle, die mit Menschen und Hunden arbeiten.

Unsere Erfolgsreihen auf einen Blick

Die Reitschule (Auswahl)

Heinrich Bergmann-Scholvien, **Arbeit an der Doppellonge**, ISBN 978-3-275-01805-5

Urte Biallas, **Bodenarbeitskurs**, ISBN 978-3-275-01830-7

Monika Hannawacker, **Zirkuslektionen**, ISBN 978-3-275-01831-4

Marlit Hoffmann, **Reiterrallyes – Reiterspiele**, ISBN 978-3-275-01850-5

Ute Holm/Carola Steen, **Westernreiten für Einsteiger**, ISBN 978-3-275-01858-1

Hannelore Leiser, **Voltigieren für Einsteiger**, ISBN 978-3-275-01856-7

Jutta Plötz, **Islandpferde – halten, pflegen, reiten**, ISBN 978-3-275-01829-1

Angelika Schmelzer, **Pferde erziehen**, ISBN 978-3-275-01709-6

Britta Schön, **Mein erster Turnierstart**, ISBN 978-3-275-01777-5

Viviane Theby, **So lernen Pferde**, ISBN 978-3-275-01804-8

Sigrid Weppelmann/Sandra Mensmann, **Longieren**, ISBN 978-3-275-01727-0

Sigrid Weppelmann, **Basispass Pferdekunde**, ISBN 978-3-275-01750-8

Inga Wolframm, **Angstfrei reiten**, ISBN 978-3-275-01729-4

Die Hundeschule (Auswahl)

Annegret Bangert, **Begleithundprüfung**, ISBN 978-3-275-01779-9

Ann-Sophie Griebel, **Clicker-Training**, ISBN 978-3-275-01714-0

Micaela Köppel, **Spiel und Spaß für jeden Tag**, ISBN 978-3-275-01732-4

Petra Krivy/Angelika Lanzerath, **Darf der das?**, ISBN 978-3-275-01835-2

Petra Krivy/Angelika Lanzerath, **Einer geht noch ...**, ISBN 978-3-275-01863-5

Petra Krivy/Angelika Lanzerath, **Was ein Welpe lernen muss**, ISBN 978-3-275-01689-1

Petra Krivy/Angelika Lanzerath, **Hunde verstehen**, ISBN 978-3-275-01756-0

Petra Krivy/Angelika Lanzerath, **Gut erzogen von Anfang an**, ISBN 978-3-275-01731-7

Petra Krivy/Angelika Lanzerath, **Mein Hund im Flegelalter**, ISBN 978-3-275-01810-9

Uta Reichenbach/Tanja Sinner, **Agility**, ISBN 978-3-275-01660-0

Monika Schaal/Ursula Breuer, **Gastfreundlich**, ISBN 978-3-275-01862-8

Monika Schaal/Ursula Breuer, **Komm zu mir!**, ISBN 978-3-275-01623-5

Monika Schaal/Ursula Daugschieß-Thumm, **Lockere Leine**, ISBN 978-3-275-01621-1

Andrea Schmidt/Gunter Mattes, **Flyball**, ISBN 978-3-275-01912-0

Beate Schwarz, **Dummy-Training**, ISBN 978-3-275-01690-7

Manuela van Schewick, **Apportieren mit Spaß**, ISBN 978-3-275-01754-6

happy cats (Auswahl)

Sylvia Born, **Katzenkinderstube**, ISBN 978-3-275-01864-2

Nina Ernst, **Zufriedene Stubentiger**, ISBN 978-3-275-01760-7

Gabriele Müller, **Miau – Katzensprache richtig deuten**, ISBN 978-3-275-01782-9

Gabriele Müller, **Katzenspiele**, ISBN 978-3-275-01811-6

Annette Thomée, **Gesunde Katze**, ISBN 978-3-275-01839-0

Jedes Buch mit 96 Seiten,
ca. 80 Abb., broschiert,
je € 9,95/CHF 18,90/€(A) 10,30